第一推动丛书：综合系列
The Polytechnique Series

物理之外的世界
A World Beyond Physics

［美］斯图尔特·考夫曼 著　叶文磊 译
Stuart A. Kauffman

U0210175

CTS K 湖南科学技术出版社

图书在版编目（CIP）数据

物理之外的世界 / (美) 斯图尔特·考夫曼著；叶文磊译. 一长沙：湖南科学技术出版社，2021.6
（第一推动丛书. 综合系列）　　　　　　　　　　　　　　　　　　（2022.12重印）
ISBN 978-7-5710-0932-8

Ⅰ.①物… Ⅱ.①斯… ②叶… Ⅲ.①物理学—普及读物 Ⅳ.① O4-49

中国版本图书馆 CIP 数据核字〔2021〕第 062812 号

A WORLD BEYOND PHYSICS: The Emergence and Evolution of Life
Copyright © Stuart A. Kauffman
Published by Oxford University Press 2019
All Rights Reserved

湖南科学技术出版社通过安德鲁·纳伯格联合国际有限公司北京代表处获得本书中文简体版独家出
版发行权
著作权合同登记号 18-2021-102

WULI ZHIWAI DE SHIJIE
物理之外的世界

著者
[美] 斯图尔特·考夫曼

译者
叶文磊

出版人
潘晓山

策划编辑
孙桂均

责任编辑
杨波

装帧设计
邵年

出版发行
湖南科学技术出版社

社址
长沙市湘雅路 276 号
http://www.hnstp.com
湖南科学技术出版社
天猫旗舰店网址
http://hnkjcbs.tmall.com
邮购联系
本社直销科 0731-84375808

印刷
长沙市宏发印刷有限公司

厂址
长沙市开福区捞刀河大星村343号

邮编
410153

版次
2021 年 6 月第 1 版

印次
2022 年12月第 2 次印刷

开本
880mm×1230mm 1/32

印张
5.75

字数
107 千字

书号
ISBN 978-7-5710-0932-8

定价
49.00 元

THE
FIRST
MOVER

总序

《第一推动丛书》编委会

科学，特别是自然科学，最重要的目标之一，就是追寻科学本身的原动力，或曰追寻其第一推动。同时，科学的这种追求精神本身，又成为社会发展和人类进步的一种最基本的推动。

科学总是寻求发现和了解客观世界的新现象，研究和掌握新规律，总是在不懈地追求真理。科学是认真的、严谨的、实事求是的，同时，科学又是创造的。科学的最基本态度之一就是疑问，科学的最基本精神之一就是批判。

的确，科学活动，特别是自然科学活动，比起其他的人类活动来，其最基本特征就是不断进步。哪怕在其他方面倒退的时候，科学却总是进步着，即使是缓慢而艰难的进步。这表明，自然科学活动中包含着人类的最进步因素。

正是在这个意义上，科学堪称为人类进步的"第一推动"。

科学教育，特别是自然科学的教育，是提高人们素质的重要因素，是现代教育的一个核心。科学教育不仅使人获得生活和工作所需的知识和技能，更重要的是使人获得科学思想、科学精神、科学态度以及科学方法的熏陶和培养，使人获得非生物本能的智慧，获得非与生俱来的灵魂。可以这样说，没有科学的"教育"，只是培养信仰，而不是教育。没有受过科学教育的人，只能称为受过训练，而非受过教育。

正是在这个意义上，科学堪称为使人进化为现代人的"第一推动"。

近百年来，无数仁人志士意识到，强国富民再造中国离不开科学技术，他们为摆脱愚昧与无知做了艰苦卓绝的奋斗。中国的科学先贤们代代相传，不遗余力地为中国的进步献身于科学启蒙运动，以图完成国人的强国梦。然而可以说，这个目标远未达到。今日的中国需要新的科学启蒙，需要现代科学教育。只有全社会的人具备较高的科学素质，以科学的精神和思想、科学的态度和方法作为探讨和解决各类问题的共同基础和出发点，社会才能更好地向前发展和进步。因此，中国的进步离不开科学，是毋庸置疑的。

正是在这个意义上，似乎可以说，科学已被公认是中国进步所必不可少的推动。

然而，这并不意味着，科学的精神也同样地被公认和接受。虽然，科学已渗透到社会的各个领域和层面，科学的价值和地位也更高了，但是，毋庸讳言，在一定的范围内或某些特定时候，人们只是承认"科学是有用的"，只停留在对科学所带来的结果的接受和承认，而不是对科学的原动力 —— 科学的精神的接受和承认。此种现象的存在也是不能忽视的。

科学的精神之一，是它自身就是自身的"第一推动"。也就是说，科学活动在原则上不隶属于服务于神学，不隶属于服务于儒学，科学活动在原则上也不隶属于服务于任何哲学。科学是超越宗教差别的，超越民族差别的，超越党派差别的，超越文化和地域差别的，科学是普适的、独立的，它自身就是自身的主宰。

　　湖南科学技术出版社精选了一批关于科学思想和科学精神的世界名著，请有关学者译成中文出版，其目的就是为了传播科学精神和科学思想，特别是自然科学的精神和思想，从而起到倡导科学精神，推动科技发展，对全民进行新的科学启蒙和科学教育的作用，为中国的进步做一点推动。丛书定名为"第一推动"，当然并非说其中每一册都是第一推动，但是可以肯定，蕴含在每一册中的科学的内容、观点、思想和精神，都会使你或多或少地更接近第一推动，或多或少地发现自身如何成为自身的主宰。

出版30年序
苹果与利剑

龚曙光

2022年10月12日

从上次为这套丛书作序到今天，正好五年。

这五年，世界过得艰难而悲催！先是新冠病毒肆虐，后是俄乌冲突爆发，再是核战阴云笼罩……几乎猝不及防，人类沦陷在了接踵而至的灾难中。一方面，面对疫情人们寄望科学救助，结果是呼而未应；一方面，面对战争人们反对科技赋能，结果是拒而不止。科技像一柄利剑，以其造福与为祸的双刃，深深地刺伤了人们安宁平静的生活，以及对于人类文明的信心。

在此时点，我们再谈科学，再谈科普，心情难免忧郁而且纠结。尽管科学伦理是个古老问题，但当她不再是一个学术命题，而是一个生存难题时，我的确做不到无动于衷，漠然置之。欣赏科普的极端智慧和极致想象，如同欣赏那些伟大的思想和不朽的艺术，都需要一种相对安妥宁静的心境。相比于五年前，这种心境无疑已时过境迁。

然而，除了执拗地相信科学能拯救科学并且拯救人类，我们还能有其他的选择吗？我当然知道，科技从来都是一把双刃剑，但我相信，科普却永远是无害的，她就像一只坠落的苹果，一面是极端的智慧，一面是极致的想象。

我很怀念五年前作序时的心情，那是一种对科学的纯净信仰，对科普的纯粹审美。我愿意将这篇序言附录于后，以此纪念这套丛书出版发行的黄金岁月，以此呼唤科学技术和平发展的黄金时代。

出版25年序
一个坠落苹果的两面：
极端智慧与极致想象

龚曙光

2017年9月8日凌晨于抱朴庐

连我们自己也很惊讶，《第一推动丛书》已经出了 25 年。

或许，因为全神贯注于每一本书的编辑和出版细节，反倒忽视了这套丛书的出版历程，忽视了自己头上的黑发渐染霜雪，忽视了团队编辑的老退新替，忽视了好些早年的读者已经成长为多个领域的栋梁。

对于一套丛书的出版而言，25 年的确是一段不短的历程；对于科学研究的进程而言，四分之一个世纪更是一部跨越式的历史。古人"洞中方七日，世上已千秋"的时间感，用来形容人类科学探求的日新月异，倒也恰当和准确。回头看看我们逐年出版的这些科普著作，许多当年的假设已经被证实，也有一些结论被证伪；许多当年的理论已经被孵化，也有一些发明被淘汰……

无论这些著作阐释的学科和学说属于以上所说的哪种状况，都本质地呈现了科学探索的旨趣与真相：科学永远是一个求真的过程，所谓的真理，都只是这一过程中的阶段性成果。论证被想象讪笑，结论被假设挑衅，人类以其最优越的物种秉赋 —— 智慧，让锐利无比的理性之刃，和绚烂无比的想象之花相克相生，相否相成。在形形色色的生活中，似乎没有哪一个领域如同科学探索一样，既是一次次伟大的理性历险，又是一次次极致的感性审美。科学家们穷其毕生所奉献的，不仅仅是我们无法发现的科学结论，还是我们无法展开的绚丽想象。在我们难以感知的极小与极大世界中，没有他们记历这些伟大历险和极致审美的科普著作，我们不但永远无法洞悉我们赖以生存的世界的各种奥秘，无法领略我们难以抵达世界的各种美丽，更无法认知人类在找到真理和遭遇美景时的心路历程。在这个意义上，科普是人类极端智慧和极致审美的结晶，是物种独有的精神文本，是人类任何其他创造 —— 神学、哲学、文学和艺术都无法替代的文明载体。

在神学家给出"我是谁"的结论后，整个人类，不仅仅是科学家，也包括庸常生活中的我们，都企图突破宗教教义的铁窗，自由探求世界的本质。于是，时间、物质和本源，成为了人类共同的终极探寻之地，成为了人类突破慵懒、挣脱琐碎、拒绝因袭的历险之旅。这一旅程中，引领着我们艰难而快乐前行的，是那一代又一代最伟大的科学家。他们是极端的智者和极致的幻想家，是真理的先知和审美的天使。

我曾有幸采访《时间简史》的作者史蒂芬·霍金，他痛苦地斜躺在轮椅上，用特制的语音器和我交谈。聆听着由他按击出的极其单调的金属般的音符，我确信，那个只留下萎缩的躯干和游丝一般生命气息的智者就是先知，就是上帝遣派给人类的孤独使者。倘若不是亲眼所见，你根本无法相信，那些深奥到极致而又浅白到极致，简练到极致而又美丽到极致的天书，竟是他蜷缩在轮椅上，用唯一能够动弹的手指，一个语音一个语音按击出来的。如果不是为了引导人类，你想象不出他人生此行还能有其他的目的。

无怪《时间简史》如此畅销！自出版始，每年都在中文图书的畅销榜上。其实何止《时间简史》，霍金的其他著作，《第一推动丛书》所遴选的其他作者的著作，25年来都在热销。据此我们相信，这些著作不仅属于某一代人，甚至不仅属于20世纪。只要人类仍在为时间、物质乃至本源的命题所困扰，只要人类仍在为求真与审美的本能所驱动，丛书中的著作便是永不过时的启蒙读本，永不熄灭的引领之光。

虽然著作中的某些假说会被否定，某些理论会被超越，但科学家们探求真理的精神，思考宇宙的智慧，感悟时空的审美，必将与日月同辉，成为人类进化中永不腐朽的历史界碑。

因而在 25 年这一时间节点上，我们合集再版这套丛书，便不只是为了纪念出版行为本身，更多的则是为了彰显这些著作的不朽，为了向新的时代和新的读者告白：21 世纪不仅需要科学的功利，还需要科学的审美。

当然，我们深知，并非所有的发现都为人类带来福祉，并非所有的创造都为世界带来安宁。在科学仍在为政治集团和经济集团所利用，甚至垄断的时代，初衷与结果悖反、无辜与有罪并存的科学公案屡见不鲜。对于科学可能带来的负能量，只能由了解科技的公民用群体的意愿抑制和抵消：选择推进人类进化的科学方向，选择造福人类生存的科学发现，是每个现代公民对自己，也是对物种应当肩负的一份责任、应该表达的一种诉求！在这一理解上，我们不但将科普阅读视为一种个人爱好，而且视为一种公共使命！

牛顿站在苹果树下，在苹果坠落的那一刹那，他的顿悟一定不只包含了对于地心引力的推断，也包含了对于苹果与地球、地球与行星、行星与未知宇宙奇妙关系的想象。我相信，那不仅仅是一次枯燥之极的理性推演，也是一次瑰丽之极的感性审美……

如果说，求真与审美是这套丛书难以评估的价值，那么，极端的智慧与极致的想象，就是这套丛书无法穷尽的魅力！

序

牛顿创立的经典物理学，是以"被动语态"描摹这个世界的：小河流淌、岩石下落、行星运动、恒星在被其质量所扭曲的时空中划过一道弧线。这些都不是物体的主动作为，只是顺势发生：五花八门，不可思议，但简单无情。

我顾盼七十八载，刚从厨房拿了个油桃吃罢，坐下写作。昨天，我吃力地登上我的"平衡世界"号22英尺小艇，穿过奥卡斯岛的吊车码头，再驾着它前往华盛顿州的伊斯特海湾，去买我刚才吃的那种油桃作为午后零食。我的心有点怦怦跳，我自己那颗人类的心脏，我的大部分读者也都有各自的心脏。

不过，自137亿年前宇宙大爆炸以后，我的心脏、油桃、厨房、小艇、伊斯特海湾，这些都是从何而来呢？

自从有了牛顿，我们都用物理看待现实：知道何为"真实"。但是物理并没有告诉我们，我们从何而来，如何而来，不会告诉我们心脏为什么存在，也不会告诉我们为什么我在伊斯特湾能买到油桃，更不用说，"买"是什么意思。

我们将会讨论这些话题，因为相比我们已知的部分，还有更多未知，相对于已经解释的，还有更多未解释的。

我们身处一个物理之外的世界。

我们身处一个自我构造的生命世界，但我们并没有可以把这说清的概念。一棵树，从种子开始，构造自己，朝着阳光伸展自己，我们能够看到但却无从解说；一片森林也是这样构造自己，生根抽枝，一声不响，仿佛期待着什么。我们的生物圈，在多样性的水平上竭尽全力地生长，持续了37亿年。长颈鹿？30亿年前有谁会知道吗？那时没人会知道。油桃？那时根本不知道会有这东西。

我们估算，在已知宇宙中的10的22次方（10^{22}）颗恒星中，50%到90%会有环绕它们的行星。我一直这么想也这么说：如果到处有生命，那么宇宙各处都有变化，虽基于物理，但超出了我们已知的所有物理。

有10^{22}个生物圈，这种想法让我震惊。是的，我们震惊于哈勃呈现的宇宙大约有10^{11}个星系的图景，但是不是真有10^{22}个和我们地球一样的生物圈？这不是"物理之外的一个世界"，而是"物理之外的很多世界"了，就跟我们已知的全部的物理世界一样巨大，这几乎不可估量。

在科学中，我们没有一个概念是关于自我构造的体系的。我这里要介绍一个梅尔·蒙特维尔（Maël Montévil）和马提奥·莫西奥

（Mateo Mossio）2015年提出的重要概念：约束闭合体系（constraint closure）。这两位年轻科学家发现了生物系统构成中被遗忘那个 —— 也许是最重要的那个 —— 概念！我们来清楚地理解它、运用它。这里的想法有点复杂，但并不晦涩，我们会懂的。不过我们现在姑且这样来理解"约束闭合体系"：这是一个集合，既包含一组作用于非平衡体系中能量释放过程的约束条件，又包含使这个系统构建自己约束条件的过程。这是一个了不起的想法。细胞就是这么干的，汽车则不会。

有生命的系统满足约束闭合体系，进行所谓的"热力学功周期"，这样自我繁殖。有生命的系统同时也会出现达尔文所谓的可遗传变异，于是能够进行自然选择，从而演化。关于后者，我在之前写的几本书中提到过，但我同时感到困惑的就是也许其中有所疏漏。现在约束闭合体系的概念，仿佛是拼图上关键的一片，把之前的疏漏填满了。

演化是无法提前预知的：会演化产生什么，来提高生物圈的复杂程度，是不可预知的 —— 我只能这么说了。我们都是演化的产物，长颈鹿、油桃、海参，也都如此。

几年前，我的一位物理学家朋友过70大寿时，他拿生物学家看世界的方式开起了玩笑。如果伽利略是和生物学家一起登上比萨斜塔，那么他们也许会扔下红色的石头、橙色的石头、粉色的石头、蓝色的石头、绿色的石头……

我的物理学家朋友们都会意地笑起来。物理学家是在力求简化、寻找规律，而生物学家则在研究生命如何变复杂。这当然啦，红色的石头是长颈鹿、橙色的石头是油桃、蓝色的石头是海参、绿色的石头就是我们人类自己吧。不过问题并不是海参、长颈鹿、人、油桃，哪个下落最快，而是，追根溯源，它们究竟是怎么来的。

物理学家不会知道。没有人知道。

这是一个物理之外的世界。

达尔文告诉我们，新的物种需要在既已拥挤的大自然中抢得一席之地，才能生存下来：对，但也不对。生物，只要存在，就已经创造出了一个让其他生物生存的特定条件。大自然中那让新的物种得以生存的"一席之地"，正是已经存在的物种构建出来的；前者的生存，又创造出了更多的让新物种涌现的"一席之地"。

生物圈的繁荣，创造出了更新的变化的可能性，会变得更多元、更丰富。

对于全球经济的蓬勃发展，也是一样的道理——不过几乎不曾被注意。新的产品创造出了更新产品的生存空间：互联网的发明，创造出了网络购物，从而有了易趣网和亚马逊；这进而又反过来创造出更多网上的内容，从而给了搜索引擎——比如谷歌——发展的空间；对于投身这场游戏的生意人，研究搜索引擎的算法，可以卖出更多商品。或者，看看iPhone的应用程序，一个催生另一个，还有了

"屏蔽"广告的程序，让你屏蔽浏览器中兜售商品的广告。

我们几乎毫无洞见和预知地蹒跚来到这个世界 —— 这个随着我们趔趄前进，却使一切变得可能的世界。我能去伊斯特海湾，买到油桃。

我们本以为，在物理 —— 狭义和广义相对论，有了标准模型的量子力学和量子场论 —— 之中，我们可以找到推演世界终极变化方向的基础。我们没有做到。终极变化也许基于这些基础，但却无法从此推演而来。这终极变化，一种不可知晓的变化力量，从基础的海港里溜了出来，自由漂泊。正如赫拉克利特所说：世界如泡泡一般飘向前。

目录

第1章
世界不是一台机器

　　自从笛卡尔、牛顿、拉普拉斯的胜利和经典物理学的诞生以来，我们总会诉诸物理，来回答"现实是什么"这种问题。这种求索方式中，我们已然把世界看作一台巨大的机器。狭义和广义相对论扩展了牛顿的基本架构，量子力学和量子场论改变了经典物理中关乎确定性的那部分基本内容，但依然把现实看作巨型"机器"。

　　我这本书的主旨就是，说起演化着的生物圈 —— 我们所身处的以及宇宙中所有的生物圈，这个"机器"的论调是错的。演化着的生命并不是机器。要阐释清楚个中道理，需要我们慢下性子，全心投入。这里所提出的世界观中，变化的结果是无法预料的，不过我希望，其中至少包含这一点：要认识到，我们只是这个其自身变化具有不可言喻创造力的生命世界的成员。除此以外，我也希望这带来极大的快乐 —— 认知的扩展、欣赏的提高，和对这个生命世界更深的责任感。
1　时间会证明一切。

　　C.P.斯诺（Charles Percy Snow）的著作《两种文化》中，驳斥了科学世界和人文世界的二分法。这种分割方式的一部分就是区分"静态"物质和人类想象力。但这两者之间，便是演化着的具有生命的世界 —— 包括无意识的和具有广泛意识的世界。我希望你们能看到，和有着主宰一切的定律的物理学不同，根本没有定律可以限制生物圈究竟会如何变化。随着生物圈以一种我们不能提前说出的方式演化、塑造其未来，没有一个人知道，也没有一个人可以知道将会怎样。它们是"不可预知的"。这种没有章法的、偶然但并非随机的事件发生，表明了其居于静态物质和莎士比亚之间的位置。生命本身，就是跨越了物理和人文之间。

请和我一起探索这些上面蜻蜓点水提到的主题。这里要做的有很多，比这本书可以期待实现的要多，不过我力求让大家有一个好的开始。

原子水平之上"非遍历"的宇宙

宇宙是不是已经制造出了所有可能的稳定原子之类型？是的。玻色子和费米子 —— 这两种物理学已知的广泛粒子 —— 以每种能想到的组合形式拼合在一起，产生了一百多种元素，组成物质。但宇宙会不会制造出所有可能的复杂的事物？不，完全不会。大部分的复杂事物根本不可能有机会存在。

原因不难理解：蛋白质是20种氨基酸的线性序列 —— 丙氨酸、苯丙氨酸、赖氨酸、色氨酸，等等。一个特定蛋白质"主链"上这20种氨基酸以肽键相连的特定序列，决定了该蛋白质的初级序列，然后这个蛋白质以复杂的方式折叠，实现其在细胞中的功能。

人体一个典型的蛋白质是大约 300 多个氨基酸的线性序列。一些蛋白质可长达上千个氨基酸。

仅仅是 200 个氨基酸的长度,可能的蛋白质有多少种呢?每个位子都有 20 个选择,所以长度为 200 个氨基酸的蛋白质链总共可能有 20^{200} 种之多,这相当于 10 的 260 次方。这是一个超级天文数字。

接下来就来看看:宇宙自大爆炸以来,制造出的蛋白质不过是这所有可能的蛋白质中很小的一部分。

我们最乐观地估算,宇宙年龄大约是 137 亿年,大约是 10 的 17 次方秒。已知宇宙中估计有 10 的 80 次方个粒子。量子力学告诉我们,宇宙中容许任何事情可能发生的最短的时间限度是普朗克时间:10 的 -43 次方秒。

所以如果 10 的 80 次方个粒子从大爆炸以来别的什么事都不做,每一个普朗克时间区间内都在并行地制造蛋白质,那要制造出所有可能的长度为 200 的氨基酸序列,也得花去宇宙真实年龄 —— 137 亿年 —— 的 10^{39} 倍,这其中每个序列还只制造一次!(相比之下,要制造出所有 20 种的氨基酸,则只需要几十亿年。)

宇宙,说到底,最多也就制造了所有可能的包含 200 个氨基酸的蛋白质种类中的极小一部分 —— 最多 10^{39} 分之一。

历史,正是在可能的余地远大于实际发生的时刻开始的。比如,生命本身的演化是一个漫长的历史过程，空间化学和复杂大分子的形成也是如此。因此，宇宙在原子水平之上的演变是一个历史过程。　3

　　物理学家描述这种历史过程，用的是"非遍历（nonergodic）"一词。"遍历"意思是，大致上，这个系统在合理的时间范围内尝试过了所有可能的状态。最具代表性的例子就是平衡态统计力学中，一升气体迅速进入平衡态。瓶中快速运动的气体的粒子可以假定尝试过所有可能的分布形式，最后处于最稳定的状态。但是"非遍历"意思就是一个系统没有尝试过所有可能的状态，比如氨基酸就算经历过137亿年历史的天文数字倍的时间长度，也不会制造出所有可能的蛋白质。

　　如果我们问，宇宙是不是创造出了所有的稳定原子，答案是"是"。所以，宇宙从原子的角度说大体上是遍历的，但是从复杂大分子的角度说不是遍历的。分子的种类越是复杂，那么自大爆炸以来可以尝试过的样本量就越稀疏。假设一个蛋白质的长度是$N = 1, 2, 3,$ $4 \cdots\cdots N+1$个氨基酸。随着N增大，宇宙采取过的可能的序列样本数占总的可能性的比例就越低。宇宙在复杂程度上无限地探索并向上发展。从这个意义上讲，似乎有一个复杂程度高不可测的无限"深井"。宇宙可以无止境地探索巨大的领域。

第二定律之外

　　热力学第二定律说，混乱度趋于增大。混乱度的指标是熵。经典的热力学封闭系统的例子，依然是气体分子在一升的容器中尝试所有可能的分布后进入平衡态。气体已经到达了分布概率最大的"宏观状态"——熵最大的状态。第二定律断言，随着体系从一个概率较小的宏观状态滑向概率较大的宏观状态——就好像一杯滚烫的咖啡降温到微温随后冷却，或一块冰融化为一滩水——时，熵趋于增大。

4

但如果所有事物都会不可避免地滑向熵最大的状态，那宇宙——特别是生物圈——是怎么会如此极为复杂的呢？我们真的不知道。部分原因是，宇宙本身依然处在朝平衡态演变的过程中（平衡态则是天文学家称之为"热寂"的同质化混沌状态），而且生物圈也不是一个封闭系统：阳光照耀在我们身上，提供了制造复杂度的能量，遏制——尽管是暂时地——熵的增大。

更深层的一部分原因是，也许宇宙无法耗尽复杂度。从空间化学的复杂度和生物圈多样性日益增加的角度讲，所进行着的是无止境地向上深入复杂度的无限可能性。于是，我们必须要问，这无止境复杂度的"深井"会对宇宙既已出现的复杂度造成什么影响。具体而言，生物圈自从其37亿年前在地球上诞生以来，由于其丰富的多样性而变得复杂。宇宙中的其他生物圈也可以认为如此。在具有生命的生物圈中，有一些东西朝着多元和复杂的方向"突飞猛进"。但是，这如何发生，为何发生？

我希望能让你们看到，这种突飞猛进至少部分来源：一个伴随着著名的第二定律的、非平衡态的规律，一个能帮助解释为什么今天的生物圈会比40亿年前复杂得多的原理。空间化学表明了复杂度的突飞猛进。在宇宙大爆炸之后，稳定的元素产生了。形成于大约50亿年前的默奇森陨石（Murchison meteorite）有多达14000类的有机分

子 —— 由碳、氢、氮、氧、磷、硫元素组合而成。演化着的生物圈体现了复杂度，从37亿年前的原初细胞体到如今的百万物种，猛烈上升。我们要探索的完全就是要去了解这种有序度从何而来。有序度是历史上的偶然，但不是完全随机的。随着生命探索达尔文所说的"呈现最美"的巨大多样性，更高等的物种之间的有序度也随之而来。　　5

　　生物圈简直是在构建自身，并以此构建一个多样性不断增加的生物圈。再问一次，这如何发生，为何发生？值得一提的是，回答也许是"因为有生命的世界可以变得更加多元、复杂，并且正在不断地创造自身得以这样的潜力"。这需要利用所释放的能量来建构有序度，并且要比有序度被热力学第二定律破坏的速率更快。我们将会看到，蒙特维尔和莫西奥漂亮的"约束闭合体系"理论和热力学功周期在我们的故事中达到了完美的结合。

人的心脏为什么存在？

　　宇宙在复杂度上一骑绝尘的一个例子，就是人的心脏。宇宙自始至终也只能产生所有可能的蛋白质中极小的一部分，至于由这些蛋白质组成的、最后反过来构成我们叫作"心脏"这器官的组织，就是更小的一部分。那么问题来了：在这个原子水平之上非遍历的宇宙中，人的心脏究竟为什么真实地存在？

　　大体而言，人的心脏存在，是因为它们能够泵血，从而在脊椎动物祖先中具有选择优势，于是便被我们继承了下来。

　　简单说，达尔文给出了部分答案：心脏帮助我们生存，所以被选择了下来。但是达尔文并没有意识到，他需要佐证一个更深层次的问题，即心脏究竟是怎么存在的：基于现有的、演化着的、具有繁殖能力和可遗传变异能力的生命，如果这个生物的体积大过了可以让氧气通过简单扩散到达每一个细胞的程度，那么若出现了一个具有即便是微弱泵血功能的器官，这个"美丽的意外"就能被选择下来。简而言之，在这个原子水平之上非遍历的宇宙中，心脏存在，凭借的就是它帮助了演化着的、有这个心脏的生物体的存活能力。

　　随着生物体的繁殖，生物体也传播着其运作的组织形式 —— 即机体所有部分适配并协同工作的方式。各个器官就是这个组织的各个部分，它们既因整体而存在，也为整体而存在。换言之，心脏存在是因为生命的存在。除此以外，我们也会看到，生命还创造了更广阔的空间，提供了它在这个原子水平之上非遍历宇宙中演化的更多可能性。

　　这就是这本书第一个最主要的结论：在这个原子水平之上非遍历的宇宙，对于复杂的事物而言，其出现本身就需要一番解释，回答虽简单，却深奥。心脏存在，凭借的是其维持拥有这个心脏的有生命物体之存在和其未来演化的功能。生物在原子水平之上传播开时，它们维系功能的器官也传播开来。心脏在原子水平上非遍历的宇宙中存在，是因为生物需要拥有这种功能的心脏来生存、繁殖。作为一个"康德整体"，生物会带着维持它们的部分。有心脏的生物存在，心脏就存在。

　　为什么眼睛存在、鼻子存在、肾脏存在、带着吸盘的触手存在、性存在、抚育幼崽行为存在、长颈鹿的长脖子存在？答案是一致的：完全是因为这些器官或过程的作用，帮助了拥有这些器官或特征的演化着、生活着的生物体的生存。它们都是因整体而在，也为整体而在。

我们宇宙中，上述说的这些都存在于这个唯一的蓝色行星上。如果宇宙中的10^{22}个太阳系中充满了生命，那将会有如何海量的复杂事物——可以预测的和也许无法想到的——栖息在复杂度在原子之上无限遥远的地方呢？

7

生物体是什么？

远早于达尔文，伊曼纽尔·康德就理解了："一个有组织的生命存在，便具有这个特征：其部分因这个整体、也为这个整体而存在。"这叫做"康德整体（Kantian whole）"。心脏的存在，既是因为、也是为了这个让其发挥功能的完整生物体的存在。人，就是康德整体。

图1.1体现了一个康德整体的简单例子。这是一个假想的、我称之为"共同自催化集体（collectively autocatalytic set）"的例子。它包含若干多聚体，比如叫作"肽"的小蛋白质。这个系统是我们这本书的核心考察对象。这个系统从简单的"食物分子"——我们称之为A和B——开始，它们类似建筑物的一砖一石（单体）；有四种可能的二聚体：AA、AB、BA和BB，这些都是由外界补给的。然后就是长的多聚体，比如ABBA和BAB，通过摄取各种单体并以首尾相接组合成更长的多聚体，或者长多聚体一分为二断开所形成。但这里有一个重要的思想：形成这些长的多聚产物的反应，也需要由组成这

个系统的特定的多聚体来催化。这个系统是共同自催化（collectively autocatalytic）的。

生命的起源：新视角

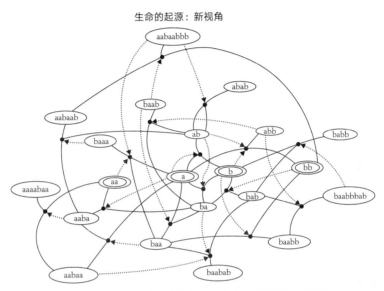

图1.1　共同自催化集体。字符串是一个个分子，黑点是反应。实线从
反应底物指向反应，再指向产物。带箭头的点线表明某个分子催化某个反
应。双层圈表明是外源性的食物分子。一个肽或RNA的功能是催化另一
个肽或RNA的形成的反应，而不是在培养皿中搅动水。

（一个简单的例子，包含有两个小的多聚体，AB和BA，每个分别
是由一个连接A和B的反应产生：AB催化反应产生BA，BA催化反应
产生AB。这么一个集体，就是"共同自催化"的。）

在一个诸如图1.1的集体中，没有一个多聚物是催化自己所形成
的；而是，这个系统作为一个整体，催化其整个的形成。如果你把催
化一个反应看作一个催化任务，那么所有的任务合在一起，看作一种

"催化任务的封闭系统"。这样一个系统是一个"整体"，比各个部分的总和要多。任何局部单独看，都不是彼此催化的封闭体系。但放在一起，整个封闭体系有这个"共同自催化"特征。　　8

这个系统简直能够构建自身并自我复制！它是一个康德整体，其部分是为了整体、也因为整体而存在。这将是我关于生命起源甚至生命特征的核心模型。

共同自催化集体是在足够多样的化学物质的混合物中自发产生的。这样的系统存在，由肽、RNA、DNA组合而成。我认为，这样的系统也许对生命的起源是至关重要的，我们之后会详细讨论这点。　　9

两位智利的科学家，温贝托·马图拉纳（Humberto Maturana）和弗朗西斯科·瓦雷拉（Francisco Varela），引入了"自创生（autopoiesis）"的概念——一个自己制造自己的系统。一个共同自催化集体，就是一个自创生系统的例子。

所有自由的有生命的系统都是自创生的、共同自催化的系统。如果它们能继承某些变异，那么这样的系统就能经历自然选择，形成演化着的生物圈。

我们不是孤立生活的。我们一起构建了这生命世界。没有一个个体是单独活着的。我们都联系在一起，作为一个整体，和生物圈一同演化、出现、扩张。我们是他者存在的条件。这样，我们都得以在这个原子水平之上非遍历的宇宙中，长期存在。我们的生物圈自37亿年前就稳定地传播着。

这些议题都带领我们走出我们基于物理学的世界观。杰出的物理学家斯蒂芬·温伯格（Stephen Weinberg）说出了物理学家的想法：1.解释的箭头总是向下指，从社会系统到人、到器官、到细胞、到生物化学、到化学，最后到达物理；2.我们所知道的关于宇宙的越多，他写道，那看上去就越发没有意义。

是的，但是我们对这些说法大声说"不"。我们在这本书中开始看到，得以在这个原子水平之上非遍历的生物圈中存在的事物（心脏、视觉、嗅觉），其存在凭借的是这些系统和亚系统所起到的功能作用，帮助了它们所从属的生物体的生存和进一步演化。听觉的产生，是因为接纳了早期鱼类对震动敏感的颚骨的演化，后者成为了我们中耳中的砧骨、锤骨、镫骨。没有人能在30亿年前就说会演化出听觉。我们无法预先说出会演化出什么。但是中耳骨现在在这个原子水平之上非遍历的宇宙中存在，靠的是因为它们对有听觉的生物体的生存和演化产生了功能。解释的箭头不是指向下的——朝听觉指向物理，相反，是朝上的——指向对听觉有用的器官的选择。随着听觉的演化，选择作用在整个生物体的水平上。这就是为什么这样的器官在宇宙中存在，为什么温伯格就是错的。

我之后还会回头讲讲我们不能预知听觉的出现，因为从这点就得说到，没有任何规则可以限定生物圈的演化，还有还原论——温伯格所谓终极理论的梦想——是错的。

世界若像一台机器

在笛卡尔和牛顿之前，西方的思维方式看宇宙是一个有机的整体，我们是其中的成员。这就是基督教的观点。在笛卡尔的"思维物（res cogitans）"中，"心智"是人特有的。世界的其余部分，包括我们的身体和所有的动植物，都是"广延物"（res extensa），延伸的东西、机理。由于牛顿的《原理》，亚里士多德的"四因说"——形式因、目的因、动力因和质料因——矮化到以数学的形式表达"动力因"：牛顿的微积分，正如他在三大运动定律和万有引力定律中所都用到的那样。拉普拉斯的恶魔，即获悉宇宙中所有微粒的确切位置和动量，可以计算其整个过去和未来。在经典物理学中，世界变成一个巨大的机器，在忠实的轨道中运作。现代的还原论诞生了。有神论的上帝退位给了一个自然神论的上帝，后者布置了宇宙、选择了原初的状态，然后便把一切交给牛顿的定律。这个上帝便不再管这个世界，不再创造奇迹。科学和宗教之间的斗争有了成果，接着有了浪漫主义的爆发。这就是"科学的规则和准线"——济慈冷冷地写道。[11]

温伯格就是这套路数。科学世界就是一台机器，基本上没啥意义：莎士比亚没啥意义，你的絮絮叨叨也没啥意义。

这真的太粗糙了！这里的议题必须是要包括意识、能动性这样很关键的问题的，但在这幅全是机器的图景中，都没有。这真的太粗糙了。

根据物理学，有一个东西在世界上缺失了：能动性这一重要想法。

我们之后的章节里会讨论这点。有了能动性，宇宙中就存在意义，不以温伯格而亡。我们都是操纵我们复杂体的能动者，互相之间玩着这个游戏。岩石没有玩这个游戏。一个系统如果要成为一个能动者，它必须是什么样的呢？系统必须怎样才能演化出复杂的彼此交缠的生命游戏？个中的复杂，是宇宙复杂度的一部分。

不过现在暂时把意识这个严肃的话题搁置一边。就算生物圈只是没有意识的生物体，演化也绝对不是一个世界机器。在原子水平之上非遍历的宇宙中，生物世界的迅猛发展远超出我们的语言，超出拉普拉斯式的等式和计算，超出济慈懊恼的"规则和准线"，产生了自身创造的爆炸式增长的邻近可能性。演化着的生物圈被"卷入"了一个独特的机遇，探索前所未有的复杂度，充满了史无前例的物质和能量的组织：生命演化。生物圈的演化是一个有机的"整体"。它的成员共同创造了独特的路径，沿着这条路径，生物圈作为一个整体，从过去那神秘程度丝毫不逊色的曲折中诞生，变成将来的样子。这个有生命的世界，正是我们从笛卡尔那时就忘记的六合八荒。

12　　我们需要用接下来的整一本书，来兑现这几段里给出的承诺。

第 2 章
功能的功能

关于我们诡异而精彩的存在，也许最深层的、最烦难的问题是：宇宙是如何从物质变得有意义？在温伯格的毫无意义、毫无意识的宇宙中，意义是从何而来？岩石是物质，然而对岩石而言任何东西都没有意义。但对细菌而言，即便不归结为意识，葡萄糖对摄取葡萄糖的细菌而言，也是有意义的。从简单粗暴的大爆炸开始，一个系统究竟必须怎么样，才能出现"意义"。

这个困惑之下潜藏的问题便把我们带向物理之外 —— 如果这些本身确实是问题的话。比如，我们说："心脏的功能是泵血。"那么，"功能"是什么呢？毕竟，泵血只是一个心脏"无意识"产生的结果。但是心脏会产生心音，在围心囊中搅动水，这些也是心脏产生的结果。但这些不是心脏的功能。简而言之，功能是生物体某部分所造成的结果的子集。那我们怎么知道是哪些子集呢？

这个话题，是对把生物学还原为物理学的质疑的核心。"功能"在生物学中的意义，在物理学中是不存在的。想想一个橡皮球，圆的、有弹性的，可以绕着轴转动，也能反弹。但是物理学家不会说，这个球的功能是反弹。物理学家也不会说小河的功能是流淌。因此，如果

13 功能是生物学必需的部分，那么生物学就不能还原为物理学。

　　回答如下：人的心脏，正如我们看到的，是人康德整体的一部分，心脏造成的所有结果之中，维持整体的是泵血，而不是发出沉闷的心音、呈现红色、在围心囊中搅动水，诸如此类。所以，泵血是其功能——其所造成的结果的子集。正因此，心脏和生物体都得以存在，在这个原子水平之上非遍历的宇宙中持续下去。

　　更广泛地说，要成为"功能"，那么这个事件必须帮助了康德整体的存活——这里的整体就像是我们，或者果蝇，或任何有生命的事物。

　　再考虑下我们自我维持、自我创造的肽组成的自催化集体：肽的功能是催化其他一些肽的形成，并不是在培养皿中搅动水。再提一次，肽是康德整体的一部分，康德整体是一个自催化集合，肽的功能是它造成的结果中帮助维持整体的那部分。

　　这就引出了两个很大的结论。第一，我们之所以能够在生物学中阐释"功能"的概念，是因为有功能的事物——比如心脏——得以在原子水平之上非遍历的宇宙中存在，靠的是它们在有生命的生物体中的作用，即，康德整体本身在原子水平之上传播。所以功能确实是一个合理的科学概念。第二，某部分的功能通常是其导致的结果的子集，比如泵血，而不是在围心囊中搅水。

　　这和物理真是截然不同！当溪水在岩石上流淌，汇入大海时，物理学家可以描述发生了什么，但无法挑出这个事件的一个子集，说成是"功能"。但是在一个自催化集体 —— 康德整体 —— 中，一个肽段的功能，就是其在维持整体催化、功能闭合体系中扮演的角色。 14

对于物理学家而言，心脏泵血、搅水、有光泽，等等，都是同等级别的事。没有什么是"意义"。

我们将会在这本书中看到，能够在这个原子水平之上非遍历的宇宙中和演化着的生物圈中得以存在的东西，包含着新的、不能预知的"功能"，这些功能得以存在，因为它们帮助了拥有这些功能 —— 比如眼睛和视觉 —— 的生物体的生存。

所以，我们有了在物理学之外的第二个理由：物理，原则上说，不能预测这些无法预知的新功能 —— 比如听觉和中耳骨 —— 哪个会得以存在。所以，再说一次，生物学不能被还原为物理学。

多样性的爆发，即生物圈在过去的37亿年中复杂度的迅猛提高，当然是基于物理，但是是在一个更高的领域中欣欣向荣。 15

第3章
传播组织

　　自宇宙大爆炸以来，生命以某种方式从非生命物质中出现，我们尚在费力研究其中的途径。在我窗外，普吉特海湾的仙鹤岛上，有鹿、鲑鱼、鹰，偶尔还有虎鲸、海豹和杉树、石楠。它们茁壮成长。这也都不知何故地起始于大约37亿年前。大部分科学家，如我，都认为生命从这里起源，而不是从另外一个世界播种过来的。后一种观念叫作胚种假说（panspermia），也许是对的，但也并没有解释生命在辽阔的宇宙中最早是从何处来的。我们接下来会讨论生命的起源理论——不论起源于地球还是其他地方。这其中有一部分，基于共同自催化集体的自发产生，和这一章要介绍的主题有直接关联。

　　在无生命的宇宙的演变中，生命是一个里程碑式的变化。多样性随之爆发。生物圈的演化见证了诸如你窗外远远近近的生命多样性的蔓延式出现。"呈现最美。"达尔文写道。我们的世界中，尽管生命向着多样性变化了37亿年，但是多样性是怎么出现的？生命是怎么稳定传播的？是的，我们已经知道了达尔文的可遗传变异和自然选择，但，那可以经历可遗传变异和自然选择的东西，又是怎么来的呢？什么才能算得上是"适者"（这达尔文从来没有回答过）？在这之前，生命是怎么出现的？还有，出现了以后，生命是怎么传播生命过程的组织形式？

在接下来的几章中，我们用我自己的书《科学新领域的探索》（*Investigations*，Kauffman，2000）中的内容，开始讨论这些话题。生命传播其组织形式，是通过种种途径以新的方式联系了物质和能量来繁殖自身，说白了，是构造了一个自己。树的种子，从自身内部，构建了它所成为的那棵树。为什么这么说？这棵树扩增了后代，后代演化出了接下来几亿年间所成为的新的各种树。这是怎么做到的？诚然，我们知道DNA、RNA和蛋白质，双螺旋、遗传密码、中心法则，凡此种种，但这些不足以回答。构建一颗完整的细胞，需要一颗完整的细胞，继而构建整个生物体，然后又经历好几代扩增，产生了具有多样化生物体的、不断演化的类群。所传播的这个组织是什么？所传播的组织 —— 及其组织的能力 —— 是什么？

生命以某种形式与热力学第二定律合作，即始终遵循在封闭的热力学系统中无序度 —— 熵 —— 一定是不可避免地增加，但生命又战胜了热力学第二定律。生命是如何规避、却又没有违背这条定律的呢？

这个答案的一小部分是，所有的有生命的系统都是开放的热力学系统，会吸收物质和能量。换言之，它们都在离开平衡态 —— 最可能的出现的、一瓶气体的分子最终稳定下来的熵最大的状态。正如很多人 —— 包括普利高津（Prigogine）—— 曾经展示的那样（Prigogine and Nicolis，1977），这样的系统会"俘获"其所在环境的有序度，比如梯度，来构建秩序。无生命的系统中，比如漩涡和贝纳德原胞，对流图样自发出现于从下往上缓慢加热的粘滞液体平面上，体现了在这样的系统中会有某种形式离开平衡态的现象出现。普利高津把这些叫作耗散结构，因为它们耗散了自由能。

薛定谔（Schrödinger）在他著名的书《生命是什么》（*What Is Life?* 1944）中说，生命离不开负熵（negentropy），环境中的有序度以某种方式转化为生命系统中的有序度。

有生命的系统传播它们的组织形式。那么"传播的有序度"是什么呢？生物组织的基础是什么？我们能定义这个基础的现象吗？

我已经暗示过了，两位年轻的科学家，蒙特维尔和莫西奥，可能已经找到了这个本质的、之前缺漏的概念，他们称其为"约束闭合体系"（Montévil and Mossio，2015）。在这章中，我希望能推演出这个美妙的概念，继而引申出去。

功

我们从"功"这个概念开始，这是又一个看似很简单，但你开始解读时则不然的概念之一。功是什么？如果你问物理学家，功就是力作用于一段距离。所以，我推动加速一个冰球，质量的全部加速度，就是做功的大小。

那这里早就又有疑点了：什么，或谁，选择了冰球加速的这个特定方向，比如，朝向东北？这"功的大小"并没有讲清这个问题。仿佛是，如果要做功，那么首先必须有一个特定的事件，冰球必须是朝向东北而不是冰湖表面上所有方向同时加速。

这个特定的方向是怎么来的?彼得·阿特金斯(Peter Atkins，1984)推进了一大步：功——彼得说——值得专门提一下。"功是能量向着几个自由度，受约束地释放。"我们需要过一会儿才能领悟这点。

19

想象一个气缸和活塞，"做功的气体"特指气缸和活塞之间那部分空间。膨胀的气体朝着活塞做功，使它在气缸内移动。这就是能量朝着几个自由度受约束地释放。

对于一个物理学家而言，"自由度"大致表示当下什么是可能的。没有这个气缸，受热的气体会向所有方向膨胀，没有做什么功。但是气缸存在时，气体只能顺着气缸方向膨胀，推动活塞，做功。

边界条件、功和熵

研究这个系统的物理学家会把气缸认定为固定边界条件，把活塞认定为移动边界条件。固定边界条件具体是指气缸的位置，移动边界条件具体是指在气缸内活塞移动的位置。接下来，物理学家就会算出，随着气体在气缸中推动活塞时，这个能量受约束地释放的过程中，做了多少功。

回想一下，自从牛顿开始，我们有了微分等式形式的运动定律，然后还有初始和边界的条件。在桌球台面上，七个桌球的滚动，就是一个例子。初始条件是球的位置和动量，边界条件是台子的形状。边界条件对于将运动积分，算出最终做了多少功而言，是必要的。

20 阿特金斯告诉我们的是，在非稳态的过程中，如果没有用于约束能量释放的边界条件，那就没有做功。

但还有更多需要考量的。在气体膨胀中，随着做功，熵也在增加，不过是以一个非常特定的形式。如果没有气缸、气体向空间各个方向 —— 朝自由度的所有方面、可能性的所有空间、各个地方 —— 膨胀，那么熵的增加会更多。但是边界条件限制了能量的释放只能朝自由度的一些方面，只有这样，才会做功。这样的结果就是，熵的增加要比没有约束条件时少。约束条件，换言之，把能量的释放转为功，而不仅仅是熵的增加。所以这里有一个关键的概念：这个向功的转变就是生命如何"战胜"第二定律的一部分。正因为约束条件，熵依然在增加，但更加缓慢。这是从受约束的封闭体系的概念里推演出来，就是尽管有第二定律，但生命如何在复杂度上提升、扩大了有序度的答案的一部分。

约束功周期

当物理学家给气缸和活塞套上有边界的条件并且就此搁置时，他/她其实在隐约其辞。毕竟，自从大爆炸以来，气缸是从哪里来的呢？呃，构建这个气缸需要做功，然后这个气缸才能用作能量释放的约束条件。构建活塞也需要做功。把活塞组装到气缸内部，并且把气体放置在气缸头部，也都要做功。当物理学家仅仅是套上边界条件时，他们无视了这点，不考虑它们都是从何而来的。一个火车头是一个有大量能量释放约束条件的机器，构建这个火车头需要做功。 21

让约束条件真的出现，并不总是需要做功。热的熔岩冷凝成管道，成为依然熔化着的岩浆的约束条件。但活着的细胞，正如我们所见，确实需要做功才能构建约束条件，来指导它们自己能量的释放，进一步做功。

所以，显然，没有约束条件，就没有功。而且，很多时候，没有功，就没有约束条件。

这叫作约束功周期（Constraint Work Cycle）。

我们将会看到有生命的细胞是如何做功，以构建这非平衡态过程中能量释放的这独特的约束条件，从而让能量释放时做更多的功。我们正在慢慢接近"约束闭合体系"这个概念。

综上，内容更多了！要让释放的能量做功，需要约束条件 —— 所做的功还能构建更多的约束条件。

还有更多！新构建的约束条件然后能进一步约束能量释放，后者接着又能做更多的功，进一步构建更多的约束条件，以此类推。所以，有序度能够自我传播。

我们的机器不这么做。一辆汽车约束着很多部件的运动，但不会构建新的约束条件。生命则会。

我们很快就会看到，这传播功和构建约束条件能够反过来作用于自身。所以，一系列的约束条件约束着非平衡态过程，实现一个功的闭合体系，构建了完全一样的这一系列的约束条件。约束条件做功，构建一样的约束条件，或曰，边界条件。

这个系统简直就是在构建自身！这就是蒙特维尔和莫西奥的"约束闭合体系"的概念（Montévil and Mossio，2015）。

接下来我们会看到，共同自催化集体，就实现了这种约束闭合体系。

22   我们现在正靠近这点。

非传播和传播的功

在图3.1中，我画了一个大炮和炮弹。火药爆炸所释放的能量，被炮筒约束，对炮弹做功，把炮弹发射出去。我们看到了，炮弹落到地面，砸出一个坑，扬起热灰 —— 这些都是炮弹飞行之后剩余的能量。爆炸是一个放能的、自发的过程。它释放出能量。炮弹的运动是吸能的、非自发过程。它吸收能量。炮弹的发射来自能量的释放，砸出坑需要能量的输入。

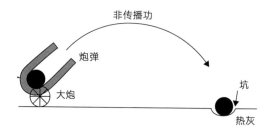

图3.1　大炮发射炮弹，撞击地面，形成坑，扬起热灰＝非传播的功。来自考夫曼（Kauffman, *Investigations*, 牛津大学出版社，2000）。

图3.2表达的形式则是我引入了蒙特维尔和莫西奥的概念。C_i是能量释放的约束条件，这里就是大炮。黑色的箭头从C_i向下指向非平衡态过程中的"@"符号，A---- @ ---->B。这个过程是非平衡态的炸药爆炸，"@"符号指代了炮筒C_i形成的能量释放"约束条件"。约束条件是"作用于"这个非平衡态过程，从而做功。

23

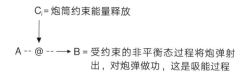

大炮是约束弹药爆炸能量释放进入几个自由度，以做功将炮弹射出炮筒的约束条件

C_i＝炮筒约束能量释放

A -- @ -- ⟶ B＝受约束的非平衡态过程将炮弹射出，对炮弹做功，这是吸能过程

但是，构建大炮、炮弹，将弹药和炮弹装入炮筒，需要做功。

没有约束条件，就没有功。没有功，就没有约束条件。这是一个功和约束条件的循环。

图3.2　能量受约束地释放，做功

现在假设，炮弹没有撞到地面砸出坑、扬起热灰，而是发生了一件更容易的事：炮弹落到了一块巨大的钢板上，滚动后最终停下。这个撞击事件造成了钢板的震动，以热的形式耗散。什么后果也没有，地上也没有坑。这个世界——除了炮弹被射出去了——没有发生什么大范围的变化。

这就叫非传播的功。它完成了一个任务，除此以外没有更多的事件。

再看看图 3.1，大炮、炮弹、炮弹撞击地面砸出一个坑、扬起热灰。现在因为炮弹的发射，世界上发生了一些宏观上的变化。地上现在多了一个坑。

图 3.2 的板书展示了这个过程。C_i 是炮筒这个约束条件。箭头从 C_i 指向一个非平衡态的过程 A ---- @ ---->B，这个过程是火药爆炸、射出炮弹的非平衡态能量释放过程。因为炮筒施加了约束条件 "@"，火药的爆炸对炮弹做了功。

24

图 3.3 是我自己的发明。同一个大炮发射了同一个炮弹，但是击中的是我挖的井上、由我构造的一个水车的踏板。炮弹使得水车转动，水车上绕着红色的绳子，后者我把它系在井下的一桶水上。

25

绳子绕在水车上，提起了水桶，快到水车的轴时水桶翻倒，把水倒在通向我豆田的管道里。水流推开了管道底部的单向阀，浇灌了我的作物。

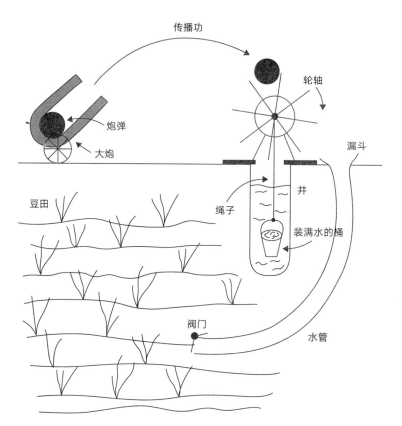

图3.3　传播功。大炮发射相同的炮弹，撞击到水车踏板上，使之绕轮轴转动，牵拉系着水桶的绳子，从而做功从井中提起水桶。水桶倾倒，将水灌入水管，水沿着水管流下灌溉我的豆田。来自考夫曼（Kauffman, *Investigations*, 牛津大学出版社, 2000）。

你看得出来我为什么对我的发明很自豪了。

除了农业的用途以外，图3.3的设施体现了传播的功。这里，因为同一颗炮弹的发射，世界上发生了很多的宏观变化，否则这颗炮弹可能射在钢板上，不产生任何结果。

　　这些过程中，有些是放能的：(1)火药的爆炸，(2)倒出的水流向我的豆田。大部分过程则是吸能的：(1)炮弹的飞行，(2)水车的转动，(3)红绳的缠绕，(4)单向阀的推开。

　　在大部分的例子中，都有能量受约束释放进行做功：(1)炮弹的发射受到炮筒的约束，(2)水车的转动受到转轴的约束，(3)绳子缠绕，受到了绕在转动轴上的约束，(4)单向阀的推开受到了阀门连接处轴的约束。一步一步地，功从炮弹传播到了豆田。

　　事实上，约束条件和功可以做功，以构建更多约束条件！下一次下雨时，在图3.1中的受热的地面上的坑会变成一个泥潭。或者在图3.4a和3.4b中，桶里的水会翻倒在地面上，水流下山坡时冲出一条泥槽，从井口伸向豆田。从此，我可以用这个泥槽而不是管道来引水到田里。这条泥槽就成为新的约束条件。

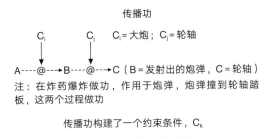

图3.4　传播的功可以构建新的约束条件。

一般地，我们熟悉的机器都在做传播型功。一辆车，汽油蒸气爆炸，活塞在气缸中移动，曲轴转动，轮子滚动。但是这里做的功并没有构建新的约束条件或边界条件。

26

在我们接下去说到第一个关键点之前，还要说一点。我的豆田被灌溉后，炮弹留在灌木丛某处，水桶倒在井边。我能不能在大炮里加点火药，再灌溉我的豆田？不能。我必须要找到炮弹，把它装回炮筒中，然后把水桶放回井里。简而言之，我必须要完成被称为"热力学功周期"的过程。先记住这个想法，我们很快就再会用到它。

约束闭合体系 —— 及其他

我们终于说到了蒙特尔维和莫西奥的约束闭合体系了。请看图3.5。这个了不起的想法现在很简单：在一个或多个非平衡态过程中的功，通过相连的一系列约束条件，可以做功，构建更多的约束条件。所以，如果这相连的一系列过程自身是闭合的话，那么这个系统就能构建完全一样的一系列约束条件，来约束自己做功时能量的释放。这个系统真的就可以构建自身 —— 包括自身的约束条件。这就是一个约束闭合体系。

27

在图3.5中，我演示了一个简单的例子。这里有三个非平衡态的过程：（1）A----@---->C_k；（2）D----@---->C_L；（3）G----@---->C_i。有三个约束条件，C_i、C_k和C_L。（1）C_i约束了第一个过程，从C_i的箭头指向这个过程的@符号；（2）C_k约束了第二个过程，（3）C_L约束了第三个过程。但是过程3制造出的正是第一个过程的约束条件，C_i！这一系列的传播着的功构建了完全一样的约束条件集合，回过头来约束自己的能量释放，以这种方式做功。

　　过程1制造了约束条件2，过程2制造了约束条件3，过程3制造了约束条件1。这个系统中，一系列的作用于非平衡态过程的约束条件，驱动这其中的每个过程做功，构建和自身完全的一样的约束条件！这就实现了约束闭合体系。

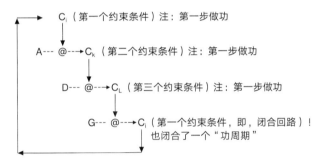

约束闭合体系将一系列的非平衡态过程和能量释放的约束条件耦联，以做功，来构建完全相同的约束条件，或约束相同非平衡态过程的边界条件。这是一个非平衡态的、构建自身的系统，它完成一个热力学功周期，来构建并将自己各部分组装为一个做功的"整体"！
它可以自我复制！

这是一个能够完成功周期，来构造自己的各个部分，并将其组装起来的"机器"！汽车做不了这事！能自我繁殖的细胞可以做到！

图3.5　蒙特维尔和莫西奥的约束闭合体系：开放的非平衡态的系统。

两个闭合体系

　　这些系统实际上展现了两种不同类型的闭合体系。第一种，正如蒙特维尔和莫西奥指出的那样，是约束闭合体系。系统自己做功，构建和自己完全相同的一系列约束条件，并用这些约束条件，获得所做的功。

但另外，这样的系统也满足了"做功任务"的闭合体系（"work task"closure）。我们把如图3.5的非平衡态的三个过程叫做三个需要完成的"做功任务"。这三个任务都在这个周期中，这是一个做功任务的闭合体系。

这里的做功周期不一定是热力学功周期。这是因为，这三个做功任务可能都是放能的。但是，也可以有将放能任务和吸能任务连为一体的做功周期，这种情况，就实现了一个热力学功周期。

而且，每一步都是热力学功。所以，所满足的不仅仅是一个任务封闭体系，也是一个功周期。一些机械，比如，互利的引擎，做的就是一个功周期。也不全部这样。如果我用杠杆和支点翘起一个重物，这是一个简单机械，但这里没有完成功周期。

自我繁殖的潜力：三个闭合体系

我认为，现在这很清楚了：一个能体现出约束闭合和做功任务闭合的系统，也可能有能力繁殖自身。这个系统有能力构建约束条件，让非平衡态过程伴随做功，构建和自身相同的约束条件。且在这个过程里，它做了一个周期的功。

29

这些就发生在有生命的细胞中。这些观点，是我们后面探索分子

自我繁殖的起源的核心。我们要说的就是，由多聚体 —— 比如RNA
和肽 —— 组成的共同自催化集体的自发产生。我会在下面的章节里
解释。这样的系统满足了三种闭合体系：约束闭合体系、做功任务闭
合体系，还有，我们很快就能看到，叫做催化任务闭合体系（catalytic
task closure）。最后一点中，所有用于制造产生和自己相同催化剂的
催化剂，包含在自催化集体本身中。这些就是生命的三个闭合体系。
这个系统简直可以构建自身。我们已然马上就要说到生命的组织方
式了！

并不神秘的整体观

　　三个闭合体系 —— 约束条件的、做功任务的、催化的 —— 是
"一体"的特征，单独看任何一个局部时，都不符合。三个约束条件，
C_k、C_L 和 C_i，彼此间通过过程1、2和3这三个做功任务闭合体系相互
构建。去掉这其中任一部分，闭合体系就瓦解了。这种整体观并不神
秘，但这就是本质。细胞都是整体。

物理学的通用性和生物学的特异性

　　朱塞佩·朗格（Giuseppe Longo）和蒙特维尔（Longo and Montévil;
2014, Montévil and Mossio, 2015）写到了物理学的通用性和生物学古
怪的特异性。他们说："质量"是一个通用的概念。一个茶杯的质量
和一块岩石的质量也许是一样的。研究它们下落，两者是相同的。物
理学构建的对象 —— 朗格注释道：质量、位置、动量，和运动定律的
对称性 —— 是通用的。在生物学中，无论海参从比萨斜塔中落下有

多快,海参就是海参。兔子虽然被伽利略扔下时和海参下落完全一样,但兔子就不是海参。

30

在物理学中,我们需要边界条件,但我们倾向于忽略它们究竟如何来的。生物学的特异性的一方面,以蒙特维尔和莫西奥的约束闭合体系来看,就是细胞和生物体会生成它们特异的边界条件。细胞的这个边界条件正是我们必须要研究的部分。正因为这几点,母兔只能构建出小兔,而不是一棵树。

过程组织形式的传播

如果我们希望能够解释窗外的世界,我们还需要更多的东西。我们已经看过了其中的一些:约束闭合体系、做功任务闭合体系。我们还提示过了另一个:催化的闭合体系,这会在第4章探讨。之后,我们会看到,这些包在一个类似于中空的脂质囊泡微粒的"个体"中。这就产生一个原初细胞(protocell),它可以进行可遗传的变异和选择。合在一起,整个系统能够传播这种组织方式,产生一个多元化的生物圈。因为这三个闭合体系,这样的系统真的就可以构建自身。我们将会看到,它们演化着,创造出没有人能预言的生物圈,没有限制定律可以管束。所以,生命可以用更新过的、纯自然的、并不神秘的活力论(vitalism)[1]来解读。这里,正如赫拉克利特说的,生命世界确实像泡泡一样喷涌前进。

31

---

1. 活力论是历史悠久的对生命本质的解读,认为只有生物才有"生命力",才能合成"有机物",但这个理论在19世纪20年代人们在实验室合成尿素后被推翻。作者在这本书中多次暗示了他定义了一种新形式的"活力论",他认为通过这三个约束体系后能够繁殖自身的自催化集体作为整体,就是他所定义的"生命力"——译者注。

第 4 章
解密生命

　　生命起源这个宏大的问题，和意识的本质、宇宙的起源，并称三个最深奥的秘密，但生命起源问题在巴斯德之前甚至不是一个问题。那时人尽皆知，生命是自发产生的：暴雨过后，朽木生蛆。还有什么比这更明摆着的呢？生命自主产生。

　　巴斯德因其杰出的实验而赢得了荣誉。人们知道，无菌烧杯里的汤，敞口露置在空气中，很快就会长满细菌。巴斯德做了个带着 S 形长颈的烧瓶，颈中注了水，防止空气中的细菌进入烧瓶底部的无菌汤中。这下，汤保持无菌。

　　"生命来自于生命！"巴斯德宣布。

　　不过若是这样，那么生命最早是怎么来的呢？生命起源这个问题诞生了 —— 不过大约 50 年里几乎一直没有人回答，直到苏联生物化学家亚历山大·奥巴林（Alexander Oparin）提示，生命是像一个凝聚体、一个粘粘的液滴那样开始的，还有约翰·霍尔丹（J.B.S.Haldane）提出，早期的海洋是有机小分子的原汤。讲生命起源的讲座，常常会
33 展示装满了原汤的金宝汤罐头。

接下来的一大步，是20世纪50年代，年轻的斯坦利·米勒（Stanley Miller）迈出的。他制作了一个烧杯，里边的水里溶有有机小分子，还有电击火花，用于模拟闪电，然后就是等待。一层新的分子，富含几种氨基酸，在烧瓶内形成了。米勒证明了氨基酸从非生物环境中的生成——暗示了生命可能未必来源于生命，也可以来自于非生命。随后的几十年里，大量的实验表明了糖、氨基酸和核酸——构建蛋白质、DNA、RNA的材料——的非生物起源。

不久之后，人们发现，陨石侵入早期地球可能带来了丰富的有机分子多样性。比如，默奇森陨石（Murchison meteorite），这颗1969年落在澳大利亚默奇森附近的陨石，含有至少14000种有机分子。所以，这一锅汤一般的有机分子肯定是从太空来的。这锅"汤"有多稠密，我们不知道，但大部分研究人员把地球上有机物的非生物生成和地球形成时期陨石入侵，看作简单和复杂有机分子——生命的原材料——的两个主要来源。

接下来还没解决的问题，是分子复制的起源。我们也许知道了分子是哪里来的，但是它们是怎么制造自身的呢？现在的细胞有它们DNA、RNA、蛋白质和上千种分子的补给，它们耦联在一个催化的新陈代谢系统中，还有各种各样的神奇结构，从由脂质形成的"脂双层"结构细胞膜和细胞器，到里边的水。细胞作为一个整体繁殖。这是怎么出现的呢？

34

RNA的世界

关于生命起源最显而易见的假说，提出于 20 世纪 60 年代，是基于令人瞩目的 DNA 和 RNA 分子结构。它们都形成著名的双螺旋式。正如沃森和克里克在他们 1953 年的著名的文章里低调宣称的那样："我们并没有忘记这点：这个分子的结构提示了它们复制的方法。"

确实如此，在 DNA 中，四类碱基——A、T、C、G——体现了耳熟能详的沃森-克里克配对法则，A 配对 T、C 配对 G。这样，如果在双螺旋的一条链，或者说阶梯的一侧，是核苷酸序列 AACGGT 的话，那么另一侧的核苷酸序列就是 TTGCCA。每条链的核苷酸的序列就确定了对应另一条核苷酸链的序列。

RNA 也是如此，也能形成双螺旋结构。在 RNA 里，U 取代了 T。这使化学家莱斯利·奥格尔（Leslie Orgel）问道，单链的 RNA，比如 CCGGAAAA，是否在试管中让游离的核苷酸 G、G、C、C、U、U、U、U 依次排列，并且在不需要酶的情况下就连成 GGCCUUUU 形成新的 RNA 互补链呢？这时，链 CCGGAAAA 就会和互补链 GGCCUUUU 结合，这样两者解开分离成单独的单链，得以继续复制。于是，双链中的每条都会配对更多的核酸——G 对应 C、A 对应 U，这就形成更多的双链，后者继续加热分离开始新的循环：一个自身复制的系统。

这毕竟只是理论。实验很简单、很聪明，也应该成功，但却从没成功。这一部分是因为有确凿的化学原因。DNA 或 RNA 两个核苷酸之间的键是 3'-5' 键，这在热力学上不如 2'-5' 键那么受偏好。这里数字指的是核苷酸上原子的不同位置。2′-5′键是不能形成螺旋的。CCCCCCCC可以制造GGGGGGGG，但是后一条单链会折叠，然后在试管中沉淀，阻碍了双螺旋的形成。还有一些人用类似DNA的分子，叫做PNA，进行了实验。但在大约50年或更久的时间中，都没有成功。这依然有可能成功，但朝这个方向的研究可能会很迟缓。 35

但是，一个重大的发现，引出了一个不同的研究方向。在细胞里，蛋白质的酶进行催化，加速了对生命重要的分子反应。人们之前认为，只有蛋白质才能催化反应，DNA基因和RNA是制造蛋白质时所需要的。但是大约20年之前，人们发现，单链的RNA分子（叫作核糖体）也能催化反应。

生物学家震惊了。相同类型的分子，RNA，既能携带遗传信息，也能催化反应。也许生命归根到底是基于这单独一类聚合物——RNA，它是之后出现的一切的框架。这是"RNA的世界"的假说。

这里的关键，是希望RNA核酶分子也许可以复制自己！一个RNA分子是一段核苷酸的序列：A、U、C和G。这个想法是，核酶可以作用于自身，一个核苷酸一个核苷酸地复制自己，我们称之为"模版复制"。

但是，你怎么能指望发现这样一个核酶呢？ 36

一个大概25年前诞生的精湛的分子生物学领域，驱动了这项寻找工作。这说的是，从一个已知的核糖体开始，制出一锅由那个分子和上百万种几乎但不完全一样的变体组成的"汤"。这些分子经历好几轮的体外选择，然后是突变实验。比如，你可以寻找一个结合到某个配体的分子，或者能催化一些目标RNA进行模版复制的分子。这个领域大致被叫作"组合化学"。用这个手段，人们已经体外演化出核酶，进而寻找这其中哪些可以用作核糖体的聚合酶 —— 一个能够以自身为模版复制自己的酶。

有一个这样的分子已经被找到了，它能复制自身的一小段。寻找工作最早是从一个核糖体开始的，轻微突变形成多种多样的一组分子，然后在体外选择表现出自身复制能力特征的那部分。选出的那部分再一次突变，然后进行进一步选择，经历几个循环。这项工作还处于早期，不过卓有成效。

这将是了不起的成功。正如我简单提到的那样，"RNA的世界"这一观点，并不是我自己关于分子复制起源的看法，而是有了精彩的进展。

我认为，我们找到一个RNA分子，它能起到复制自己的聚合酶的作用，也许还可以复制其他RNA，这是可行的。你完全可以对这些工作者们说：加油！

不过我还是有点谨慎。第一，在这些很困难的、值得商榷的实验之外，这样的分子是何其少啊？如果它们在大自然里真的像我担心的那么少 —— 几万亿个RNA序列中只有一个 —— 的话，那么它们星星之火，如何燎原创造出生命？

第二，在生物出现前的可能的化学条件下，获得长的RNA单链多聚物首先就是个悬而未解之难题。第三，这样的RNA序列在演化中稳定吗，还是会在复制中因为自身突变而渐渐消失？这个话题，叫做"艾根-舒斯特（Eigen-Schuster）错误灾难问题"。曼弗里德·艾根（Manfred Eigen）和彼得·舒斯特（Peter Schuster）多年前表明了，随着RNA序列在选择中突变率的上升，比如在试管中，群体数量一开始非常接近"主序列"。但随着突变率超过一个临界值时，群体急剧变化，变得非常不一样。这样，在主序列中的信息就丢失了。这是个错误灾难。简而言之，在突变和复制中，RNA聚合酶会不会稳定地复制，永远不偏离"主序列"呢？

37

但问题还更糟。艾根-舒斯特错误灾难是针对固定的突变率。但我们的RNA聚合酶是怎样的呢？随着它自身复制，它的突变率会提高：最初的主序列RNA聚合酶稍许会在复制自己时犯一些错误，在子序列中引入突变。它稍许有一些突变的子序列聚合酶则更有可能犯错误，所以它们会制造出突变倾向更高的"孙"序列，后者又更比它们的"母亲"以及所有之前的"主序列"都更容易产生突变。所以每一轮的复制，都使得突变率增大。于是，整个序列的群体会经历错误灾难，迅速地和刚开始时变得截然不同。这很容易研究。我归纳了一些萨斯马利（E. Szathmary，通过私下交流，2017年9月）的观点，说是这样的灾难在理论研究中确实会发生。如果这是正确的，那么裸露的复制着的基因会因为自己复制中的易错性而消亡。这在演化上是不稳定的。

第四，也许也是最重要的一点，能够复制自己的RNA聚合酶是一个裸露着的复制着的基因。它只是一段 RNA 序列，毫无保护地漂浮着。
这个裸露着的基因是如何在自己身边搜集到彼此联系的、催化新陈代
谢和制造形成脂质体的脂类物质，来包裹自己，形成一个原初细胞的
呢？这些核酶聚合酶没有显而易见的途径做这些壮举。

38　　我不觉得我的批评有多致命，但是显然，都是值得考虑的。

脂的世界

　　在研究生命的起源的工作中，第二个重要的分支是开始于另一类
分子：脂。这些都是长链脂肪酸分子，一端疏水，就是不喜欢水，另
一段亲水，就是喜欢水。在一个水环境中，这些都形成诸如脂质体的
结构。脂质体就是中空的"泡泡"，由两层脂分子组成，就像细胞膜一
样。一层的疏水面对着另一层的疏水面，亲水面则暴露于脂质体外和
脂质体内的水环境中。

　　脂质体就是这样的中空的脂囊泡。很神奇的是，大卫·迪默
（David Deamer）已经展示，默奇森陨石上的脂类就能形成这样的脂
质体，暗示了宇宙中蕴含了多么丰富的生命基础。此外，如果经历一
个干-湿周期，比如日晒雨淋的沙砾表面，那么脂质体能吸收DNA和
其他聚合分子跨越其脂双层边界。我们后面还会进一步讨论这点。

　　脂质体实现了一个简单的奇迹：它们内部包裹了一个含水区域，
将之与外面的世界隔绝。这样一来，它们阻止了被包裹在内任何类型
分子的漂走，否则后者就会像在开放的水相介质中一样漂走。很多对

生命起源感兴趣的人非常喜欢这个想法：无论分子复制可能是如何开始的，用脂质体包裹住这个系统是个不错的想法。关于这个话题，我之后还会提到大卫·迪默和布鲁斯·戴默（Bruce Damer）2015年对这个主题的妙思。

但同时，脂质体也能生长、出芽，形成两个脂质体，所以实现了自我复制。这项工作由路易吉·路易西（Luigi Luisi）还有迪默开展。脂质体具有复制能力，这是这个"脂世界"观点的核心。   39

多伦·兰斯特（Doron Lancet）研究了他称之为GARD模型的分级自催化复制区域（Graded Autocatalysis Replication Domain，Segre，Ben-Eli and Lancet，2001）。这里，脂分子在共同自催化集体中互相催化彼此的形成，同时形成一个球形的实体。很多不同的证据表明，这个模型可以演化改变它分子组份的比例。GARD的演化是脂世界观点的一个进步。

这里，脂世界观点也有很多问题：如何从这一步变出其他主要类型的聚合物，即DNA和RNA，还有肽和蛋白质，这点是不清楚的。脂世界的观点展示了如何获得容器，但不涉及内容物。所以我们必须要前进，现在要进入一个关于分子复制的出现的一套理论，这里自从我1971年介绍这个观点以来，我自己和其他人都做了大量工作（Kauffman,1971，1986，1993；Hordijk and Steel，2004，2017；Serra and Villani，2017；Vasas et al.，2012）。

随机图像的连接

　　介绍这些想法的第一步，是基于保尔·埃尔德什（Paul Erdos）和阿尔弗雷德·雷尼（Alfréd Rényi）1959年的工作，他们称之为"随机图像"（random graph）的演化。

　　图像，说白了就是一组由线连接的点的数学对象，或者用更正式的话说，是由边（edge，简称E）连接的节点（node，简称点，N）。

40　随机图像是一组点由一组边随机连接。

　　埃尔德什和雷尼问道，如果边和点的比值（E/N）增加，那么随机图像会发生什么：即，随着更多的边把点连接起来，会发生什么。图4.1展示了所发生的事件。结果令人瞩目。如果E/N小于0.5，这图有很多不相连的"组份"。但随着高过这个阈值，相连的结构出现了。这样，E/N=0.5是"相变化"的一步，多个小的相连的"簇"突然间整合成被称为图中"巨大组分"的结构。不同长度的环路，比如图中的A-B-C-A，也出现在E/N=0.5时。

　　直观上看，E/N=0.5指所有边的端点（即2E）等于点的总数V。这个时刻，巨大的相连的结构骤然诞生了。

　　从这简短的介绍中你应该可以看出，当事物之间出现越来越多连接时，突然之间很多事物都会直接或间接地相连。很快，我会用这个想法来推导，随着系统中分子种类的多样性增加，共同自催化集体就如期出现了。

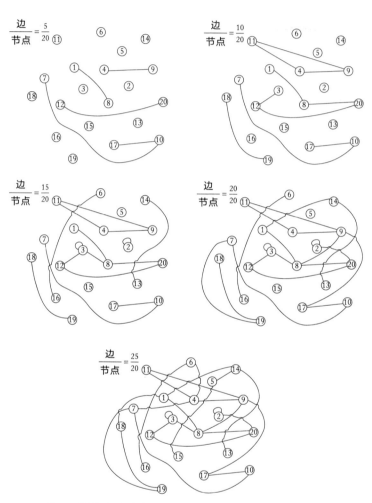

图4.1 点线图演示相变化。埃尔德什和雷尼研究了由N个节点和E条边连接的随机图像，随着边和节点的比值E/N增大而发生的演化。随着E/N从0增大到1再到更大，"第一级相变化"在E/N = 0.5时出现。在这之前，互相连接的节点出现了小簇。在E/N = 0.5时，突然一个大的互相连接的簇——"巨大组分"——形成了，出现了多种形式的"环路"。随着E/N进一步增大，剩下的孤立的节点也被连入巨大组分中。

　　我从来没有写过，我想到共同自催化集体的突然出现这个兴奋想法时的那些事。那是在 1970 年，DNA 的结构已经广为人知。我好奇，是不是生命一定要基于模版复制 DNA 或 RNA，如 RNA 世界观点所说的那样？好吧，如果自然的法则稍有不同会怎样？假设天文学家告诉我们的掌管宇宙的 29 个物理常数（电子的电荷数、光速等）其中有一些有点微小的变化，那我们还是可以有复杂化学，但 DNA、RNA、双螺旋就会（和现在的样子）不完全一样。那生命是不是会变得不可能？

　　我认为，坚决不会！生命一定是更加基础、更加通用的 —— 诞生于任何可以快速催化彼此形成、且仅需要外部基础材料即可的分子集体。宇宙需要的，不过是原子、分子、反应、催化、还有一些其他东西……

　　从这个可以推出二元多聚体的模型：其核心就是简单的序列，比如肽或者 RNA。比如，ABBABBA。然后我们定义一些这些抽象多聚体可以经历的反应 —— 拼合或者切割，比如 AB + BAB = ABBAB 或 ABBAB = AB + BAB。这里，随着系统中多聚体最长者的长度 N 增加，每个多聚体所参与反应的比值，R/M，也会增加。R 就是反应的数目，M 是分子的数目。所以每个多聚体的反应的密度会越来越高，充满 42 机遇。

　　现在假设我们通过加催化剂来加速且增强反应的进行。假设催化剂由催化完全相同反应 —— 把一种多聚体转化为另一种 —— 的完全相同的一类多聚体组成。或许共同自催化集体就出现了！

在1970年，在实验室设备中用实验来检验这个想法是不现实的。所以一开始，我制作了一个简单的模型，假设任何多聚体由相同的固定的概率P，来催化任何反应。然后我完善这个简单的假设。不过对每一种情况而言结果都很明显。

显然，这个想法会成功的。回想一下，一个由点和线组成的随机图像，是如何经历相变化的。随着N——最长的多聚体的长度——增加，反应数和多聚体数的比值，R/M，也增大。如果每个多聚体催化每个反应的概率为P，那么在某个时刻，每一个多聚体都能催化很多反应，使得按概率算每一个多聚体都大约催化一个反应，这样，类似埃尔德什-雷尼的巨大组分就会出现了。

就是这样。

成功了（Kauffman, 1971）。当我模拟出时，我很激动。接着一周以后，一个著名的理论化学家问我为什么我浪费时间做了这种无意义的事，于是我停工了十年。后来在1983年，在印度举行的关于"生命状态"的大会上，我读到了弗里曼·戴森（Freeman Dyson）写的好书《生命的起源》（The Origin of Life, 1999），书里提出了和我1971年类似的观点。我重新回到了我的工作，随后（Kauffman, 1986），和多伊恩·法默（Doyne Farmer）与诺尔曼·帕卡德（Norman Packard）一起，于1986年发表了详细的模拟（Farmer, Kauffman and Packard, 1986）。

43

这项工作表明，随着在足够多样的、由多聚体——可能是肽或

RNA，或两者兼有 —— 组成的一锅"汤"中出现相变化时，就出现了化学物质分子复制的共同自催化集合。之后的工作更清晰地体现了这点（Farmer et al., 1986）。

这样一个集体有很有趣的特征。第一，它体现了整体性（holism）。没有一个分子催化其自身的形成。这个集合作为一个整体彼此催化集体中所有成员的生成。这个特征在任何一个单独的分子中都不存在，但是分布于整个集体之中。

第二，如果我们把集体中催化一个反应叫做"催化任务（catalytic task）"，那么系统满足了催化任务闭合体系。所有需要催化的反应都被催化了。（我很快就会把这个闭合体系和其他必要的成分 —— 约束闭合体系和做功任务闭合体系 —— 连起来）。

第三，这样的集体，和有生命的生物一样，是一个非平衡态的系统。但它没有立即屈服于熵，而是，它从外界摄取食物。这样，这个非平衡态的系统就能通过分子复制而维持自身。这听上去，就越来越接近我们叫作生命的东西了。

图4.2就显示了法默等人（Farmer et al., 1986）提出的一个共同自催化集体。

这个时期的工作（Kauffman, 1993）还展示了一个改进过的模型，多聚体催化某个反应时，不再像前面一样简单地以概率P，也能产生共同自催化集体。这里，任何多聚体都需要配对它的两个底物：

比如，AAABAB会配对一个底物一端的BBBxxx和另一个底物一端的xxxABA，只有在这种情况下，这样的配对才会产生一个催化连接xxxBBB到ABAxxx上的反应的几率。

过去50年的工作表明，这个模型是很稳固的：改变很多很多的细节，而自催化集体依然跃然出现（Hordijk and Steel, 2004，2017）。[44]

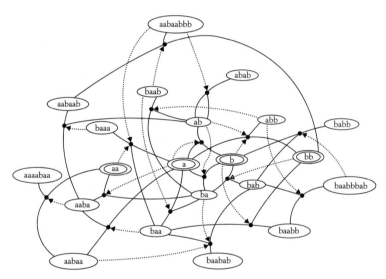

图4.2　共同自催化集体。圈出的由a和b构成的字符串是一个个分子，黑点是反应。实线从反应底物指向反应，再指向产物。带箭头的点线表明某个分子催化某个反应。双层圈圈表明是外源供给的"食物"分子。这样，这个非平衡态系统满足了约束闭合体系和做功周期。多聚体的功能是催化"另一个"反应。

霍迪克（Hordijk）和斯蒂尔（Steel）的工作展示了共同自催化集体，稍微扩展到RAF（反射型自催化并由食物生成的集合，reflexively autocatalytic and food-generated sets），这种集合也允许极少的自发反应，每个自发反应都包含在一些不可降级的 RAF 中，这些 RAF 构成更复杂的 RAF。每个不可降级的 RAF 由一个自催化环路和一些"末端分子"组成，这些末端分子可以被催化产生，但本身不参与自催化反应。整个 RAF 集合由一个或多个不同的、不可降级的、自催化系统合起来构成。

45

最早对这个理论的批评是：给定一个多聚体，它能催化的反应数量似乎会随着 N 而增加。不过这在化学上是站不住脚的。霍迪克和斯蒂尔表明，每个多聚体需要催化的反应数量只大约在 1.5 和 2 之间，似乎是一个合理的数字。

最近，沃绍什等人（Vasas et al., 2012）展示了，RAF 可以部分通过获得和失去不同作为更大 RAF 的成员的、不可降级的 RAF，来进行演化，所以这就好像是独立的基因在选择条件下发挥功能。简而言之，共同自催化集体可以演化。

我们从中可以获悉什么？这个理论是合理可行的。没有规定说，在一个自催化集体中，这个系统不能混有肽和 RNA 序列，而我们之后会看到，这进一步接近一个原初细胞。但是有一些很重要的限制。第一，所有的工作都还是在纸上谈兵，牵涉符号和算法，而不是培养皿中的实验。一个共同自催化集体在一个反应图中出现固然重要，而一个真正的化学例子可能并不能重现这点。塞拉和维拉尼（Serra and Villani., 2017）强调了，组份的浓度可能会太低所以不起作用。但是，在法默等人（Farmer et al., 1986）的研究中，我们模拟了这点，发现进行复制的集体会相当可靠地出现。这需要更多工作证实。而且，霍迪克（与我2017年9月私下交流）用了号称吉尔斯皮算法（Gillespie algorithm）研究了简单的例子，发现复制现象会可靠地出现。吉尔斯皮算法允许人们研究每个分子的拷贝数都极小的化学系统。在霍迪克和斯蒂尔（Hordijk and Steel，2004）研究的RAF中，没有催化的反应能缓慢自发地发生，所以不需要一开始就提供这个集体的成员，但通过这样自发的反应，一个RAF会在并非所有成分最初都在的时候出现。这些都很令人振奋，不过，还是那句话，还有很多工作要做。 46

还有一个局限是，目前还没有，让其和脂的世界相连、把分子包裹在一个像细胞一样的结构中的途径。戴默和迪默（Damer and Deamer，2015）在后一章中介绍的想法，也许可以弥补这个缺憾。

从计算机到实验室

共同自催化集体可以由DNA、RNA和多肽来创造。我会逐个探索：

DNA 的共同自催化集体

在20世纪80年代中期，第一个分子复制系统是由冯-基德罗斯基（G. von Kiedrowski）用真的DNA —— 一段6个核苷酸的序列 —— 制成的（von Kiedrowski，1986）：CGCGCG。冯-基德罗斯基制成了这个名副其实的六聚体，还有两段短的和六聚体的一半互补的三聚体：即，GCG —— 和六聚体"左"半段的CGC互补；CGC —— 和六聚体"右"半段GCG互补。在溶液中，六聚体根据沃森-克里克的碱基配对原则和三聚体结合，催化两个三聚体形成新的六聚体，GCGCGC。然后，从右到左读的话，这个新的六聚体和原来的六聚体一模一样。这样，这个小小的系统就能自我繁殖。

这个反应是自催化的。而且，六聚体起到了简单的"连接酶"的作用，把两段三聚体连接了起来。但是，六聚体没有起到聚合酶——把核苷酸按照模版复制那样一个一个连接起来——的作用。所以，在这里的DNA分子繁殖，不存在如"RNA世界"里所设想的模版复制。

47

之后很快，冯-基德罗斯基创造了世界上第一个由两个不同的六聚体组成的共同自催化集合，这里，每个六聚体都能复制另外一个。

结论就是，小的多聚体组成的共同自催化集体，是可以被构建并发挥功能的。

肽的共同自催化集体

蛋白质一直被认为是不能复制的，因为它们没有像自我互补的DNA那样有对称轴。但这个坚固的想法却被发现是错的。1995年，伽迪利（R. Ghadiri）制成了自我复制的小蛋白质！他以一个与自己缠绕形成螺旋的蛋白质开始。伽迪利推理说，这个螺旋的一部分可以结合并识别它的另一部分，所以他拿了一个蛋白质的32个氨基酸长的区域中较短的两个片段，把它们放在一起孵育。较长的序列结合了较短的两段；进一步，较长的序列催化两个短片段之间形成一个肽键，形成了原来序列的第二个拷贝。这个系统复制了自身。

连蛋白质也能这样做！

几年以后，伽迪利组的一个博士后阿什肯纳齐（G. Ashkenasy）组装了一个由9段肽组成的共同自催化集体。我之后会详细描述这项工作。

结论就是，小蛋白质系统的分子复制，明显是可能的。所以，分子复制不一定要基于DNA、RNA或类似分子模版复制的特征。而且，生命出现之前的氨基酸生成是相当容易的，正如小蛋白的形成一样。所以，肽的共同自催化集体早期自发形成的可能性，并不是空穴来风。

48

RNA 的共同自催化集体

最近，两项工作，实现了RNA的共同自催化集体。林肯和乔伊斯（Lincoln and Joyce, 2009）用了前面描述过的体外选择系统，演化出一对核酶，它们能够通过连接对方各自的两个片段催化彼此的形成。

雷曼和同事（Vaidya et al., 2012）用了一组核酶做了一个令人震惊的实验，这些核酶都被一切为二，分离了识别区域和催化区域。识别区域识别核酶的靶标，催化区域执行核酶的催化任务。这些被一切为二的核酶随后被放在一起孵育。一个核酶的催化区域会结合到另一个的识别区域，形成一个具有功能的杂交核酶。这个系统形成了一个自催化的核酶，然后又形成了3个、5个、7个成员成环组成的自催化集体。这些多成员的RNA集体战胜了孤军奋战的自催化个体。这就是一组分子自我复制的自发形成，这是一个了不起的发现。

所以RNA分子也能形成共同自催化集体。

雷曼的精彩结果依然是从高度演化的RNA核酶序列开始的。这个目的是实现共同自催化集体由一堆未演化的RNA自发形成；比如，随机RNA序列，或其他分子，比如随机的肽，或者两者兼有。实验工作正朝这个方向开展。请还是注意塞拉提出的缺陷：低浓度限制这种集体的出现。我们或许期待，实验会很快证明自催化集体从未演化的RNA、肽或者其他分子序列自发形成。

生命的三个闭合体系

在第三章中，我们讨论了蒙特维尔和莫西奥（Montévil and Mossio，2015）的约束闭合体系。我们也介绍了第二个想法：做功任务闭合体系。前者是：一组非平衡态过程的约束条件可以做功，构建相同的一系列约束条件。后者指：完成一组热力学做功任务来实现这点。我们现在就来展示，共同自催化集体满足这些，而且还进一步满足第三个闭合体系：催化任务闭合体系（catalytic task closure）。这样的系统本质上是个开放的、非平衡态的系统，也会复制。

在以色列的本-古里安大学，葛农·阿什肯纳齐（Gonen Ashkenasy）有一个九个肽的共同自催化体系如火如荼反应着

（Wagner and Ashkenasy，2009）。这里，肽1催化一个反应，通过连接肽2的两个片段组成第二个拷贝的肽2。肽2通过连接肽3的两个片段组成第二个拷贝的肽3。肽3对肽4也有相同的作用，然后是肽5、6、7、8和9。肽9催化形成第二个拷贝的肽1，完成这个闭环。

这满足了上述三个闭合体系。第一，这里有催化任务闭合体系。没有一个肽是催化自己形成的。九个需要催化的反应里，每个都是由九个肽中的一个催化的。做功任务闭环也实现了。每个反应都是一个任务，需要做功来完成那个任务，体现为在连接产物中形成了新的肽键。所以这是一个真实的热力学做功循环。但另外，每个作为催化剂的肽也是边界条件，起到约束能量释放的作用。催化剂结合到两个底物片段，使它们靠近，降低了连接反应的能量壁垒。这完全就是一个改变能量释放、使其朝少数几个自由度释放的约束条件。催化剂就像是大炮，约束了发射炮弹的能量释放。所以九个肽正是九个约束条件，这个系统精确地满足了蒙特维尔和莫西奥的约束闭环。这些肽，作为催化剂，是约束条件；在这九个反应的每一个中，这个系统都建立着自身约束条件的另一个拷贝。

50

最后，因为这个系统持续摄取用以制造这九个肽中每一个各自的两个短片段，所以并不是平衡体系。阿什肯纳齐的这个集体，符合了在一个并不是平衡态的系统中，这三个非局部的闭环——约束、做功、催化。这些都是生命本身的特征。细胞也在做一样的事。

生命，是分子多样性诞下的女儿

一个能够起到聚合酶作用、拷贝自己的RNA分子，是，但也只是一个裸露的复制着的基因。从这个角度看，生命起源之初很简单。分子多样性程度很小。一个单独的序列就可以做到。这可以成功，得看造化了。

但是默奇森陨石有至少14000种各式各样的有机复合物。早期的地球最早因为陨石掉落和本土生成，也许有类似的分子多样性。所以，分子多样性可以说是顺理成章地有的。

共同自催化集体自发产生这一理论，是基于分子多样性的。随着化学物质"汤"中，物质多样性超过了一个关键的阈值，组成成分之间的反应关系中，相连接的催化网络出现时，这样的集体就产生了。这个催化、做功任务和约束闭合的一体化，是这分子多样性诞下的女儿。

我强烈怀疑的是，生命不是一丝不挂、简单地产生的，而是作为一个彼此之间的催化反应网络，整个地、合为一体地产生的。我们会在第5章，探讨有机小分子之间组成早期新陈代谢催化反应网络这个话题。高度的多样性和潜在的多聚体的丰富性，可以起到催化剂的工作，可能帮助新陈代谢的形成。没有人知道，但我可以打赌就是这样的。

51

生命大约是2亿年后产生的。生命的历程一定是以合理的大概率发生的，而不是虚无缥缈的。也许，生命就是分子多样性诞下的女儿。

"生命力"

一直到一个世纪多一点之前，很多科学家还相信神秘的"生命力"——生命活力（elan vital），活力主义（vitalism）。随着尿素的合成，人们才意识到生物有机分子只是普通的化学物质，所以生命不需要基于一些神秘的现象。

有了三个闭合体系，我们有了一个不需要牵扯任何玄乎魔法的整体论。在一个共同自催化集体中，三个闭环并不是任何单独一个分子的特征，而是一个彼此交织的分子和反应集体的特征。我怀疑，这三个闭合体系合在一起组成了"生命活力"，一个不神秘，但是很精彩的生命力量。通过约束能量释放到几个自由度中，这样的非平衡态系统能够做真实的热力学功，能够构建并繁殖自身。

在这个系统的任何单独的分子和反应中，我们都看不到这三个闭合体系的任何内容。这是"整体"的特征，不过再说一次，这不是玄学，没有新的力量，而只是一个新的物质、能量、熵、约束条件、热力学做功的组织形式，组织为一个整体，我怀疑它就是生命的核心本质。

生命根本上说是一个非平衡态过程和约束能量释放到几个自由度的条件的新连接方式，所以是一个热力学功。但令人震惊的是，所做的功能够构建约束进一步非平衡态过程能量释放的约束条件。在一个复制着的系统，比如细胞中，一个闭合体系的实现是通过连接这

些过程和约束条件构建成一个自我闭合的组织形式。这个系统，通
过做这样的功，构建了自己的约束条件，也复制着，满足催化任务的
52　闭合。

这样一个系统是一个"机器"，但不只是物质，不只是能量，不只
是自由能，不只是熵，不只是边界条件的机器。它是这些组分的新的
整合。

当细胞繁殖时，细胞循环做功，构建大致上是自身的拷贝，作为
物理对象。当树从种子成长时，它也循环做功，构建自己。这些都是
在有生命的世界上传播功、传播过程的组织形式的例子。演化着的生
物圈正是这样合作构建的传播系统，经受着可遗传变异和自然选择。
这就是演化着的生物圈如何构建自我并演化的方式。它在这个原子水
平之上非遍历的宇宙中，在复杂度和多样性上无止境地飞速上升。心
脏，真的出现了。

我们可能已经知道"生命力"了：不是一个非物质的玄妙之物，
而是一个奇迹，一个无法提前说出会变成什么的、另一意义上的神秘
53　之物。

第 5 章
如何制造新陈代谢

这是3,786,394,310年前一个懒散的下午，在后来成为西澳利亚的地方的一个温泉里。更准确说，现在是当地时间下午3：17。

一个裸露的复制着的RNA核糖聚合酶，名叫詹姆斯，它正在复制。"一个、两个，一个、两个。"詹姆斯一边一个一个地加着核苷酸复制自己，一边嘬嚅着，"好累，真是个大家伙。"詹姆斯边想，边放开了这个新合成的自己的拷贝。

"现在，我该干嘛？哦对了，继续。一个、两个，一个、两个。"它重复地制造自己的新一个拷贝。

"完工了，有点无聊。"它叹了口气。

"如果我有新陈代谢装置就好了，我会很富有，会充满变数……好吧，我没有。"

詹姆斯试着想想他如何才能让自己周围充满富饶的新陈代谢装置，那会让它的工作变得简单很多。如果它有可以进行新陈代谢的装置，那么它就可以合成自己的核苷酸，不必等待稀释在温泉里的核苷酸漂向自己。但是它无法想象如何才能做到。

55　　那究竟是怎么出现的呢？

裸露的复制着的基因，祝福它们，本身没什么问题，但是接下来的一大步 —— 有一个互相连接的网络，网络中充满了服务这个裸露基因的催化化学反应，同时也被这个基因所服务，这看起来令人迷惑。

我想要暗示的是，生命不是这样发生的：一个裸露的基因在一个几乎没有生机的环境里、没有新陈代谢装置的体系中发生。正如前面提到过的，默奇森陨石，这颗从遥远的地方、从太阳系形成的时候飞向我们的小石头上，有多达14000种有机分子。如果陨石上的化学物质可以是多种多样的，那它们掉落到早期地球上，外加本土生成的化学物质，我们可以认为，温泉的化学组分也是多种多样的。

所以，毫无疑问，温泉的化学成分是高度多样化的。我们能不能由此来探索，除了正如第4章说的自催化系统的起源外，一个与之相连的、催化的、复杂的、新陈代谢装置的起源？新陈代谢有没有可能帮助自催化集体，且反之亦然？当然可以。

我应该这么说，我们的新陈代谢系统，和生命的其余部分一样，是多样性诞下的女儿。

图5.1展示了人的新陈代谢系统的草图。点是分子的种类，线是

反应。一个新陈代谢系统是一个巨大的网络，充满了分子之间的反应，这里几乎所有反应都被特定的由基因编码的蛋白质酶所催化。　56

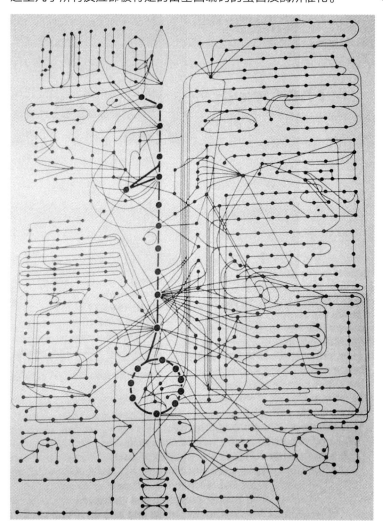

图5.1　人的新陈代谢系统。斯图尔特·考夫曼（Stuart Kauffman, *The Origins of Order*, 牛津大学出版社, 1993）

57

　　这些新陈代谢的反应并不是凭空发生的。相反，每个反应都要求反应物比产物具有更高的化学能，这些能量在反应中被使用。换言之，新陈代谢都是被新陈代谢序列顶端化学能的输入而驱动的，而底端则含有较低的化学能。在生物圈中，顶端的能量是由叶绿素俘获光子来供给，然后释放高能的电子给NADP（烟酰胺腺嘌呤二核苷酸磷酸）。那些电子携带了自由能，一路沿新陈代谢链下行。在最后一步，它们在柠檬酸循环里被剥离，释放出二氧化碳，后者就是链底部的下水道。

这是怎么产生的呢？

　　我来提示你，一个和催化相连的新陈代谢装置的产生，就和我们第4章看到的埃尔德什-雷尼的相变化完全一样。第4章里，随着分子的多样性跨过一个阈值，共同自催化集体自发地产生了。体系复制，从而使分子以整体形式联系在一起复制。我认为新陈代谢系统也是如此。

　　这个假说有一些激进，但完全是可以接受检验的。为了开始让我们的直觉接受这个想法，我画了图5.2a、5.2b和5.2c。

　　在这些图中，不同的点代表不同的分子种类；方块代表反应。黑色的箭头从底物的点指向对应的反应方块，然后从反应的方块指向反应产物的点。这个叫做"二分图（bipartite graph）"，因为有两种元素：

58　点和方块。每一个点只能连到方块，每一个方块只能连到点。

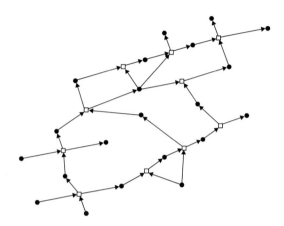

图5.2a　化学反应图谱：黑点＝分子，方块＝反应（比如小分子发生反应形成氨基酸）

　　在图5.2a中，所有的箭头都是黑色的，意思是没有一个反应是受到催化的，但它们也许还能缓慢地发生。如果反应是可逆的，那么这些箭头并没有表示出真实反应的方向，而是反映了每组反应物 - 生成物之间比例偏离平衡态的方向。在图5.2b和5.2c中，更多的反应受到了催化。如果一个反应受到了催化，那么方块用灰色表示，指向它和它发出的箭头也都用灰色表示。

　　正如你看到的，在图5.2b中，大图中"灰色催化反应的部分"是几个不相连的灰色结构。每个小的催化反应都能快速发生，但是不同的灰色区域不相连，所以在不同的灰色亚区域间的分子反应都不可以快速发生。随着越来越多的反应受到了催化（5.2c），可以看到，一个横跨整个图的灰色催化反应链的网络形成，相变化出现了，有序度自发地产生了。

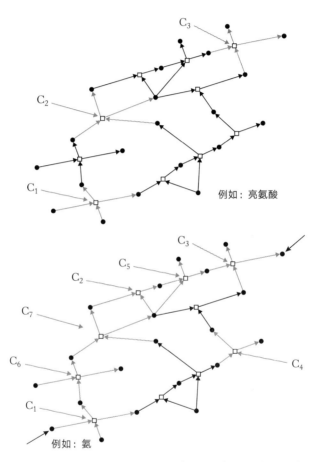

图 5.2b 和图 5.2c　浅色的箭头是催化反应。从催化剂 C_i 发出的箭头指向该
反应。每个催化剂也是一个起约束作用的边界条件。

59

我们可以把这个看作新陈代谢系统的原初形式 —— 一个催化化
学反应的网络。这只是一个原始的新陈代谢系统，因为这还没有和一
个自我复制的系统 —— 比如一个自催化集体 —— 相连。

但我们正迈向一个充满希望的开始，这将展现：一个原初的新陈

代谢系统可以自发地从一个多元的分子"汤"中跃然呈现出来。但是如果我们要暗示生命可能就这样出现了，我们还有很多要做。在接下来的几段中，我会带领大家再往前进几步。

第一，我们希望我们的原初新陈代谢系统和一个自催化集体相连，所以这个自催化集体自己的分子（肽或者RNA）就正是这些相连的催化反应的催化剂。我们还希望新陈代谢的产物可以反馈给自催化集体，所以它们能够"帮助彼此"。如果这个能成立，那么新陈代谢系统和自催化集就能耦合起来，互相帮助，共同演化。

60

在图5.2b和5.2c中，我画了特定的催化剂催化每个反应。再说一次，这些催化剂可以是一个共同自催化集体里获得的肽或者RNA。

我来举一个简单的例子。假设我们有像第4章中说的那种自催化集体C，它由备选的催化剂 —— 肽 —— 组成，每个肽都有一个固定的概率P，来催化图5.2a中展示的所有的反应中的每一个。这样，催化反应的数量R_c取决于系统中反应的总数量R：这里R = 10；催化反应的数量还取决于P的值，比如假设P是10^{-2}，即1/100，这里P值是任何一个可能的催化剂催化任何给定的反应的概率；此外，催化反应的数量还取决于这个系统中备选催化剂 —— 肽 —— 的数量C，比如，假设C是100。这样，催化反应的预期数目R_c = RPC = 10。这样，在综上的假定条件下，图5.2a中所有 —— 或者几乎所有 —— 的反应都能被催化。这就和埃尔德什-雷尼相变化一样了。我们希望所有的10个反应都被催化，所以整个网络能互相联系，一个巨大的灰色催化反应结构就会出现，和图5.2c一样。我们越过了埃尔德什-雷尼的相变化的阈值，于是，一个连为一体的催化反应子图就形成了。

　　这个简单的例子展示了，如果一个反应图谱中有比较大的反应数量R，和一个小得多的分子数N，那么当N个反应受催化时，一个巨大的、连为一体的催化图谱就会形成。对于任何给定的催化剂催化概率P，若对应的备选肽或者其他催化剂的数量足够大，就可以保证这些肽能够催化一个连为一体的新陈代谢系统。

碳氢氮氧磷硫（CHNOPS）

　　到现在为止，我们一直在探讨抽象的分子和抽象的反应。但是我们的想法在我们自己的世界中成立吗？随着我们在我们"非生命"的一锅"汤"里加入真正的分子，我们会不会到达一个点，使得这锅汤足够多样，以至于发生相变化呢，分开的几堆化学物质能否融合在一起，形成一个自我维持、自我催化、互相联系的新陈代谢网络呢？

　　我们所知的地球上的有机分子，是由碳、氢、氮、氧、磷、硫——简称CHNOPS——组成的。我们就用这些来组装反应图谱吧。我们依然先使用假设的例子，不过我们朝具体的情形迈进一步。再说一次，分子的种类（真实的分子！）用点表示，反应用方块表示，黑色的箭头从底物指向方块、再从方块指向产物。

　　分子是由原子构成的——碳氢氮氧磷硫——所以我们首先要引入另一个变量：M，每个分子中原子的数目。

　　考虑一个反应图谱，每个分子由碳氢氮氧磷硫中的M个原子构成。比如，如果M＝1，那么我们就只有一个单独的原子，碳、氢、氮、氧、磷、硫。如果M＝10，那么我们可以在碳氢氮氧磷硫中选择10个原子组成这个分子。

　　很容易明白，随着M上升，从1到100，分子的种类N会蹿升得非常快。有机分子因为支链变化可以复杂得像野兽的各种刚毛，但是我们先简单起见。考虑线型的多聚体 —— 单独的一根 —— 这种假设的例子，由两种原子A和B构成。现在由至多M个原子组成的分子数，是2的M＋1次方。

　　现在我们问道，随着M上升，在N个分子间有多少反应数目R？一般而言，R会上升得比N还要快。反应数R和分子种类N的比值，和M的函数关系是（M-2）（Kauffman，1993）。换言之，反应数和分子数的比值，实际上是M，系统中最长的那个聚合物的长度。简短地说，每个分子所参与的反应数，随着分子的复杂度的上升而迅速上升。这正是我们所需要的。62

　　这儿，我们在处理的是非催化的反应。随着M上升，分子网络因为每个分子的反应数上升而变得更加密集。正是这个事实，当系统中有足够多的反应时，驱动了埃尔德什-雷尼相变化的出现。它们中的很多会随机地被一个足够多样的由可能的催化剂组成的集合C所催化。一个灰色的相连的催化反应的子图便出现了，它连接了系统中各个种类的分子。增大C，或者增大M，驱动了相变化的产生。

　　这在平面直角坐标系中表现为如图5.3所示的假想的双曲线。x
轴体现的是可能的催化剂的多样性C, y轴是在反应图像中分子数量
N。在曲线下方，系统是亚临界状态，埃尔德什-雷尼相变化没有发生。
63　在曲线上方，系统处于超临界状态，相变化已经发生。

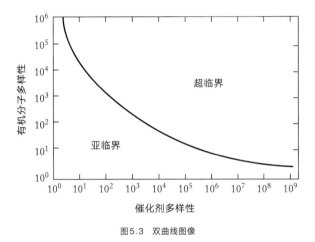

图5.3　双曲线图像

　　好棒！我们知道了，当足够多的可能的催化剂，和足够多样的、
反应数超过分子数的化学物质的一锅"汤"，混合在一起培养时，整
体互相连接的代谢系统就自发形成了。詹姆斯不需要一个人战斗了。

　　图5.4总结了很多我们已知的关于碳氢氮氧磷硫的化学反应图景。

1. 代表底物和产物的点，N个点。
2. 代表反应的方块，由线连向点。R个反应。
3. 二分图。
4. CHNOPS = 碳氢氮氧磷硫。
5. 考虑所有的分子数N，每个分子含有CHNOPS中的M个原子。
6. N如何随着M变化，即，分子数如何随着每个分子中原子的数目M变化？
7. 在N个分子中，存在多少反应数，R？
8. R/N的比值。这个比值应该随着N变大而变大（正如只有两种基本组成单元的多聚体模型所演示的那样）。
9. R个反应的催化比例，F。
10. 催化反应的子图。
11. 催化图谱中最大的相连组分的大小，对F和N的函数关系是如何的？
12. 催化图谱的谱系分布，对F和N的函数关系是如何的？
13. 谱系分布对图谱中的物质转移的启示是什么？
14. 如果一个含有C个分子和多肽的集体，每个以概率P催化每个反应，那么催化图谱对P、M和C的函数关系是怎么样的？

图5.4　化学反应图谱

对反应图谱作一些初步猜测

64

我们之前看到了，给定一个足够多样的分子的"汤"，会有一定的几率，它们中的一些正好会起到催化剂的作用，形成一个自我维系的化学反应网络。但我们能不能计算这发生的概率呢？

在碳氢氮氧磷硫系统中，我们对真实化学反应的图谱架构随着M的上升会怎么变，还知之甚少，不清楚其中所产生的分子数量和反应数量。不过现在，我们可以先试着用我们简单的、假想的、由A和B两种原子组成的线性聚合物的有机分子，来计算一个可能的数字（见表5.1）。

图5.5[1] 展示的例子中，我们这个新陈代谢网络，由5000个备选

1. 原书中图5.5、5.6、5.7有排版上的错误，译作中已经纠正。表格应当是图5.5，原书中的图5.5应当是图5.6，原书中的图5.6应当是图5.7，而原书的图5.7应当出现在第6章。

的催化剂（C）组成，然后我们可以调试原子的数目（M）和分子催化一个反应的概率（P）。因为表中的等式（我的书《秩序的起源》中所推导，Kauffman，1993）是连续并且高度非线性的，所以，M的结果是以一个实数——而不是整数——值的形式给出，我们就用M最接近的整数值来估算。分子系统多样性的真实值N，用含有M——每个分子的原子数——的表达式来代入。

表5.1　假想的由原子A和B组成的线性有机分子，若要形成连为一体的新陈代谢系统，所要达到的关键数量

$$\overline{P} = e^{-P(5000)(M-1)(1+2^{M+2})} = \frac{1}{e^8} < 0.001$$

P	M	2^{M+1}
10^{-4}	1.965	8
10^{-5}	3.81	28
10^{-6}	6.25	152
10^{-7}	8.98	1010
10^{-8}	11.85	7383
10^{-9}	14.83	58251

注：可能的可以获得的催化剂数量，是5000。请注意观察上述假设条件下足以让一个相连的新陈代谢网络出现的有机分子数量。所以，在一个二维空间中，若x和y坐标分别是催化剂的数量和有机分子的数量，那么给定一个P的值就决定了一条关键的曲线，它将空间分成"出现相连的新陈代谢系统"和"不出现相连的新陈代谢系统"这两部分。

图5.5　假想的由原子A和B组成的线性有机分子，若要形成连为一体的新陈代谢系统，所要达到的关键数量

正如你们所见，P值变化范围从10^{-4}到10^{-9}之间，换言之，一个随机的肽催化一个真实反应的几率在1000分之1到10亿分之1之间。当

$P = 10^{-7}$、$C = 5000$ 时，互相连接的新陈代谢网络只可以有1000种分子，长度可以达到相当于9个A和B单体所构成的长度。

粗略地推断一下，如果一个肽的弱催化的概率是 10^{-5}，那么大概只需要150个作为备选催化剂的肽，就能满足一个互相连接的由几十种分子组成的催化反应代谢网络。

这些结果很令人振奋。我们想要这个共同自催化集体催化新陈代谢反应。这里，如此一个150个成员的集体就能对一个几十个小分子的新陈代谢系统做到这一点。

这就产生了第一步，这里，一个共同自催化集体催化一个与之成员重合的小新陈代谢系统，你可以说它们是"携手前进"。如果新陈代谢的产物可以被自催化集体取用（后面会说），那么两个系统就能共同演化：一个自我复制的系统，和一个支持它的、起催化作用的、互相连接的新陈代谢系统。

这些都是基于由碳氢氮氧磷硫组成的真实化学反应，所进行的粗糙计算。这里，这个简单的模型达到了三个目的：第一，它体现了埃尔德什-雷尼的相变化，在各种宽泛的假设下，都是很显著的。第二，它暗示了，给定备选的催化剂的数量C和P的值，就可以预测催化反应图谱的大小，而这就可以用于对真实的碳氢氮氧硫磷的反应图谱进行合理的理论推算。最后，它提示了我们如何通过实验检验这个想法。

走进实验室

在我们说下去之前，我们必须考虑，和生命起源这个话题相关的其他的实验告诉我们什么？共同自催化集体的出现取决于一个随机多肽催化一个随机选择的反应的几率。我们对此略知一二。

一个随机的肽段可以折叠的几率是多少？

蛋白质是线性的氨基酸序列，经过折叠形成能够催化反应、参与细胞功能的成熟蛋白质。要回答"一个随机的蛋白质序列可以折叠的几率有多大"这个问题，我们可以从我实验室托姆·拉宾（Thom LaBean）1994年和2010年的工作以及路易吉·路易西（Luigi Luisi）2011年的工作开始入手。他们给出了：大约20%的随机序列的多肽，会折叠。这个结果非常粗糙，但很容易改进。如果折叠对功能是必须的，那么它早已就绪了。

一个随机的肽结合一个随便给出的配体的几率是多少？

用噬菌体展示技术，看起来答案大约是10^{-6}。噬菌体展示技术中，一段编码随机肽段的基因克隆进一个病毒型噬菌体的蛋白外壳基因中，这样这段肽就在噬菌体病毒的表面"展示"出来了。然后用含不同随机肽段的噬菌体来检测它们中哪些会结合给定的目标分子。G·史密斯（G.Smith）最早的实验表明大约20,000,000个序列中，19个不同的由6个氨基酸组成的肽，被观察到结合到了给定的单克隆配体上。算出来就是10^{-6}。

这些实验中用到的筛选标准是在实验条件中"充分"结合到单克隆配体的量。我们还不知道"弱"结合的概率，但这是可以研究的。如果10^{-6}是相对较强的配体结合概率的话，那么我之前暗示过的，10^{-5}，作为弱结合 —— 从而可能实现催化 —— 的概率，看起来也并不荒谬。

68

一个随机的肽催化一个随机选择的反应的概率是多少？

我们现在已经可以猜得八九不离十了。大约20年前或更久之前的工作表明，叫作单克隆抗体的分子可以催化反应。（单克隆抗体是完全一样的一组抗体分子。）这么说，是因为发现了单克隆抗体结合到一个分子后，会使分子稳定在似乎是反应的过渡状态的形状；所以，它叫作反应过渡阶段的稳定类似物。这样的单克隆抗体，有很大的几率，也催化这个反应。假设一个单克隆的肽，像噬菌体展示那样，结合在一个随机分子上 —— 包括结合在一个稳定的过渡阶段的类似物上 —— 的概率是10^{-5}到10^{-6}，那么这个催化的概率也大约是十万到一百万分之一之间。

由以上这些可以得到的结论，简而言之就是：随机的多肽常常折叠，并且会以大约十万分之一到一百万分之一的概率，结合到一个分子表位或者簇上，并且催化一个给定的反应。

我们现在就可以考虑，如何在实验中检验这些想法。为了对我们的想法的合理性有一个概念，我们首先要进一步评估一个随机肽催化一个随机反应的概率。考虑这样一个反应，它有一个即便在很低的浓度下也能检测到的产物。比如，这个产物可能可以结合到一个蛋白质受体上，然后改变它的流动行为 —— 一个可以在极度低（10^{-15}摩尔）的浓度下也能检测到现象。

　　假设，一个肽催化一个反应的概率，我们认为是10^{-6}。从一个包含一百万种不同的肽的"仓库"中取出100个样品，每个含有10^4个分子，把这些样品分别放在100个容器里。每个容器中，反应底物一起孵育，然后检测预期的产物。如果发现产物，那么我们总结说在那个炉子里一个或多个肽参与了反应。现在我们缩小范围，把一个炉子划成100个小炉子，每个包含100个肽，再次做这个实验，寻找那一炉或几炉含有预期的可以催化产物生成的肽。然后循环往复，再分成100个炉子，每炉只有1个肽。

69

　　如果这个过程产生了C个能催化反应的催化肽，那么$P = C \times 10^{-6}$，这就是大约的催化概率。

　　这个反应的一个改进版是，用一系列的R个独立的反应，其中每个都产生一个不同的产物。这里，我们目的是展示我们用一系列的随机肽作为备选催化剂，催化一系列的R个反应。我们很快就要用到这个。

　　现在我们要继续，向埃尔德什-雷尼相变化迈出重要一步：我们能不能通过使用一个足够大的候选催化剂集合C，在很多N之中催化形成一个连为一体的催化反应图谱？

考虑这个反应集合：有N个有机分子，包含于一个复杂的涵盖R个反应的反应图谱，然后把一堆含有C个随机肽的集合，扔进这些混合物。

我们知道在埃尔德什-雷尼的计算中，只要适度调整C和R，那么任何催化概率P固定的体系中，相变化需要的阈值都迟早会被超过。所以我们可以改变C或R，并检测催化反应开始发生的概率。这个可以很容易通过实验检验。假设我们从由碳氢氮氧磷硫组成的分子开始，每个分子由最多 M = 6 个原子组成。如果反应受到催化，那么从起初的最大 M = 6 个原子的集体开始会形成一个更大的分子，比如，M = 10 或 15，这通过质谱仪或者高压液相色谱很容易检验。这两个都是高度敏感的技术，用于检测分子的大小。接着下去，你就能在CR平面上看到一个重要的相变化曲线，代表我们预期看到催化集体的位置。你可以通过调整C和R来作出图像。随着R和C变化，我们可以检测出催化开始发生的点。

我们还能检验在反应图谱中，相变化发生、巨大的催化网络形成的那个关键点。我们可以通过在催化反应图谱中看原料的转运路径来做到这点。

70

如果一个巨大的相连的催化组分已经形成，那么在整个催化总图中，应该有物质转运的发生。这怎么看？我们能不能形成一个理论并且用实验检验？可以的。比如，想象用同位素标记一个小分子中原子的原子核。如果这个分子是相连的催化反应路径的一部分，那么这个被同位素标记的核应该要被转运，有时会通过催化反应路径转移到更大的分子里。这可以直接通过质谱来检验。我发现这非常激动人心，我们不必一开始就知道我们所形成的催化反应图谱的结构，但我们能检验标记着的核在互相连接的通路中的移动，从组成最初标记的分子的原子核中，移动到图谱中它所有的后代。从这些数据中，我们能够猜测催化反应图谱的结构。

很明显，在一个会经历随机（或非随机）催化的反应图谱中，分子通过催化反应和其他分子相连，要弄清谱图的结构是一项手段已经很完善的理论任务。而且，在这样的谱图中，物质的流动也可以进行理论研究。比如，你可以拟合出物质或原子核，在这幅图的原子和分子间的流动路径。

确实，我们可以研究连接方式的结构，看出在巨大的组分中，哪些分子通过催化反应和哪些分子连接。我们定义图中一个"节点的后代"为那些可以通过灰色箭头到达的点，定义"节点的半径"为到达最远后代的最短路径，这样你就可以弄清图谱中节点的后代分布和半径分布。这些特征作为 C、P 和 R 的函数会看起来如何呢？用同位素标记的原子核，以上这些都可以通过图谱流动方式来检测。

我推测，这样的研究会帮助我们理解新陈代谢在几十亿年前，这个我们叫做家园的星球早期是怎么产生的。

将新陈代谢系统和共同自催化集体组装起来

我们已经展示了一个连为一体的由催化反应组成的新陈代谢系

统是怎么通过埃尔德什-雷尼相变化形成的了。我们现在需要问，这个独立的新陈代谢系统是不是能够和自催化集体互相连接，前者为后者提供原料，后者催化新陈代谢中的反应。

简而言之，我们能否让我们的由催化反应组成的新陈代谢系统和共同自催化集体联姻，使得自催化集体催化与之相连的新陈代谢系统的反应，而让新陈代谢系统为自催化集体制造有用的分子？

当然可以，因为这就是我们的假设，一个完美合理的假设。

图5.6和5.7展示了我们的美妙系统。在图5.6中，自催化集体里 72 的肽中的一些，催化新陈代谢系统里的反应。现实中，当然，我们希望肽会催化所有新陈代谢系统中所需的反应。在图5.7中，新陈代谢

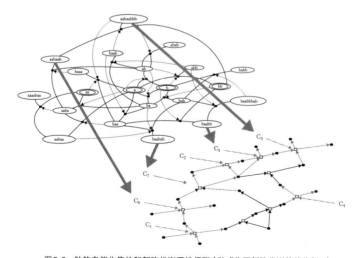

图5.6 肽的自催化集体和新陈代谢系统偶联（肽成为了新陈代谢的催化剂！）

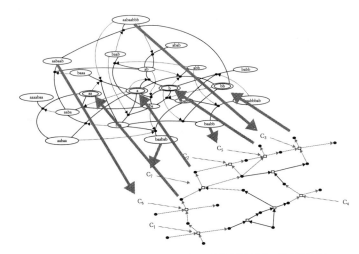

图5.7　新陈代谢系统"哺育"自催化集体；自催化集体催化了新陈代谢反应。

系统互惠地哺育共同自催化集体！也就是说，新陈代谢系统制造自催
化集体需要的小分子。所以，新陈代谢系统和自催化集体联姻了。

73　　　现在我们已经可以了解一些重要的新的想法。共同自催化集体是
由一定数量的不可降级的自催化集体组成的。它们不可降级，因为如
果你取消其中一类分子，这个自我维系的结构就垮了。每个这样的不
可降级的体系都是一个自催化闭环，但很可能有一个尾巴，含有一个
或几个肽垂悬在环的外面，它们对维系自催化集体没有作用，然而这
样的尾巴上的蛋白，是用于催化新陈代谢系统的最佳选择。

　　　现在看一些真的很伟大的想法：在演化中，不同的不可降级的自
催化集体在选择条件下可能会丢失或者获得（Vassas et al., 2012），所
以它们能够像基因一样起作用，有可遗传变异，并进行选择。这样，
如果自催化集体尾部的成员是用于催化新陈代谢反应的，那么这个新

陈代谢装置就会由前者尾部的得到或失去，而经历选择。

一个催化的新陈代谢系统哺育一个自催化集体，并被自催化集体所催化，这个联合体很容易想象，并且很关键——因为有了这个，这两者可以互惠互利，也不出意料可以经历共同选择。比如，在自催化集体中的肽可能演化并且催化新陈代谢系统中的新反应，产生新的种类的分子，哺育自催化集体。

从简单的、裸露的、复制着的基因詹姆斯开始，我们已经走了很长一段路了。

我们已经展示了，一个连为一体的催化反应组成的新陈代谢系统，是如何从一锅多样性为 N 的小分子"汤"和一个自催化集体 C 的逐步加入，基于埃尔德什-雷尼相变化而产生的。这个相变化的发生当然是通过数学计算所得，但我们已经提到了，实验表明，倘若换成组成地球上生命的有机分子，也会发生。在这样的部分催化的反应图谱中物质的实际流动，依然很大程度上是详细研究的课题。还需要让人看到，这样的流动在即使非常稀的浓度中也发生，并且在原始的温暖池塘的"汤"里如火如荼地发生着。在底物浓度高到适宜时，这样的相变化应该会在实验条件下发生，在催化图谱中形成真实的流动。

作为期待，我以另一个理由来结束这章。一个真实的新陈代谢系统并不一定要求所有反应都被催化。其中一些会自发发生。在大肠杆菌中，实际上大约有 1787 个反应，只有三个是不受催化的（Sousa et al., 2015）。值得注意的是，大肠杆菌新陈代谢本身就是共同自催化

74　的（Sousa et al., 2015）。自催化真实存在于活细胞中。

75　　　我们现在已经可以来讲讲原初细胞（protocell）了。

第 6 章
原初细胞

没人知道生命是怎么开始的，但很多工作者们认为，早期生命是以被他们称为 "原初细胞（protocells）"[1] 的形式开始的。一个原初细胞是一个想象出来的、可以进行某种形式的自我繁殖的分子系统，也许还耦联着新陈代谢系统、居于一个叫做脂质体的中空脂质囊泡中。这个自我繁殖的系统可能是一个含有RNA，或肽，或两种分子兼有的共同自催化集体。

图6.1大致描绘了我们假想的原初细胞。一个共同自催化集体和一个小分子构成的新陈代谢系统耦联，后者产物包括脂分子自身。这些脂类可以插入脂质体外壳中，使其增大。当它变得足够大时，它可以出芽变成两个脂质体 —— 细胞分裂的原初形式。食物从外界穿过形成脂质体的这种半通透性的膜进入。类似地，废物被分泌出去。 77

戴默-迪默场景

原初细胞是怎么产生的？没有人知道。关于其最初从何而来，有两种宽泛的观点：海洋中的海底热泉、陆地上的间歇温泉。海底热泉

1.严格应该叫做 "原初生命体"，因为还并不是生物学意义上的细胞呢 —— 译者注。

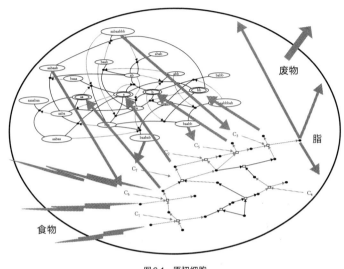

图6.1　原初细胞

中曾被发现藏匿了丰富的简单生命，很多人便预测早期生命就是从那里繁荣起来。计算机科学家布鲁斯·戴默（Bruce Damer）和化学家大卫·迪默（David Deamer）却提出说，最早的原初细胞是从互相连接的火山地貌的池水中产生的，就是四十亿年前类似于现在的冰岛和夏威夷的那种地貌（Damer and Deamer，2015）。这个爆发于温泉——即生命在一个35亿岁的岩石结构中——的证据，最近在西澳大利亚被发现了（Djokit et al.，2017）。干湿交替——池水或池边缘的水、蒸发又汇集——进行着，携带着丰富的有机分子，可能驱动了我接下来勾勒的这个过程。

这个场景的核心部分，聚焦的是热泉中的多层，也即一片一片的脂质体。池子靠岸的部分会发生干湿交替。在干燥的白昼，池水因为蒸发而变干，在凉爽的夜晚，水从附近的泉水或雨水汇入。这里有三步：（1）湿润的时候，脂质体是中空的囊泡，在水中漂浮；（2）将近干燥时，脂质体互相凝集形成胶状聚合；（3）当附着在矿物质表面干燥时，它们融合形成层状，将其内含物撒在层间的二维空间里。

一次又一次地干湿交替，这个系统周期在这几个状态间重复变换。

在他们描述的场景中，戴默和迪默借用了"类蛋白反应"，这最早在1932年被研究。大蛋白质用胰蛋白酶——一种在消化过程中把大蛋白切成小蛋白的肠酶——孵育。当两个氨基酸之间形成肽键时，它们会释放一个水分子进入介质中。这样，如果在系统介质中去除水——比如，通过蒸发——那么酶切断的反应在热力学中就逆向发生了。新的肽键（还有新的核酸键）可以形成，创造出起初序列随机的多聚体群体。现在考虑一个干湿周期中会发生什么：大的多聚体在有水的环境中被切成好几部分。然后当系统干燥时，多聚体的各个部分会重新连接（连在一起）成为长的多聚体。干湿周期变化驱使基本原材料组成多聚体，又被切断，又重新生成——这样多聚体的片段仿佛随机的洗牌一样——切割、连接，制造出一锅含有不同多聚体的"汤"。

79

在类蛋白反应中，如果去除胰蛋白酶催化剂，那么相同的热力学驱动力依然能起作用，相同的反应依然会发生，但是要更慢。在生命产生前的地球，并没有催化剂或者酶，这再次表明简单的脱水反应可以起到相同的作用，但是要更慢。当水从宛如浴缸里一圈圈水渍那样的、池边矿物质堆叠的膜层间流失时，早已在一页页膜之间挤作一团的多聚体的单体成分，连成一线，就像是拉上拉链一样，形成了更多的可能具有功能的多聚体。

这样，戴默和迪默制造出了原初细胞，每个原初细胞都包裹着丰富而不同的肽，或RNA序列，或两者兼有的"汤"。在干湿周期中，当干燥的膜重新吸饱水时，上千亿的脂质体从一层层的膜中出芽脱落。它们中的一些包含着之前说的多聚体的随机组合，形成了原初细胞。多层脂质体内所含的肽或RNA序列在湿润时，会发生切割，随机的洗牌，形成新的肽或RNA。合在一起，脂质体和内含的肽的"汤"组成了原初细胞，它们最终会演化成大家的共同祖先。

戴默和迪默提出了，干湿周期重复发生百万年间，一种自然选择加入了其中，普洛斯（Pross，2012）把这叫作"动态的动力稳定性"（Dynamic Kinetic Stability）。在干的时候，每个原初细胞和上千个其他此时幸存下来的个体集结在一起。当恢复湿润时，其内含物被捕获在新的原初细胞中，出芽分离，然后又是一个切割周期。戴默和迪默暗示了，那些所含分子因为种种原因可以促进其稳定的系统，会更高效地"幸存"或"传播"，在适当的时候带来更加强大的原初细胞群体。

他们把这群囊泡叫作"始祖生物（progenotes）"，这个词语最早是卡尔·伍斯（Carl Woese）和乔治·福克斯（George Fox）提出的（1977），为戴默所采用（2016）。如果他们是对的，那么这样的始祖生物是地球上所有生命的祖先。

这个说法中我所欣赏的部分，是戴默和迪默似乎解决了，如何在一开始没有自我复制的细胞时实现类似可遗传变异，这一棘手问题。如果他们的系统确实发生了对"动态的动力稳定性"的选择，那它们就实现了一种变异和选择的形式，它能积累始祖生物有用的变化形式。

　　但我想知道，这一被选择的传播稳定性，从何而来，我希望能构筑在他们的想法之上。

前进到达原初细胞

　　戴默和迪默预见到了，对含有有用的肽和RNA状多聚体的脂质体的选择。但是随机的因为切割和连接造成的洗牌，会在每个周期中将之弄乱。考虑一个脂质体含有10^3个有用长度为10个氨基酸的肽，这样的序列有20^{10}，即10^{13}种。在每个切割和重连周期后，最初的1000个有用的肽会以一定速率散开为这些序列，有用的肽被随机打乱。这些有用的多聚体的可遗传变异是怎么发生的，暂时不清楚，但可能是最早来源于模版驱动的复制。

　　我接下来要指出，戴默和迪默设想的条件，最好恰恰能导致，在一个胶状凝集体或多层结构中能产生肽和核酸的共同自催化集体。这样，假设这种集体一不小心出现了，并且这个自催化集体能够稳定地复制这些聚合物，那么这就会被选择下来。

81

　　这给了我们一个反复获得相同的这一组聚合物的途径。所以，假设一个共同自催化集体在一个脂质体中形成了，它在池子底部或边缘干涸，首先和其他上千个脂质体一起进入到胶状相中，全部干涸。在这过程中它融合，将内含物一起混入胶状物或之后干涸的层状物中，然后这些多聚体被它们邻近的个体吸收，然后再重新湿润，进行新一轮的周期。如果附近的这些或者原来的脂质体有一系列的聚合物能够重新形成共同自催化集体，那么这个集体就能在胶状物时传播到其邻近的脂质体中，或者通过层状结构传递给从层状物状态重新湿润时新形成的邻居中。在下一个周期中，它们能够把这些特征传给更多邻居。所以，脂质体中，自催化化学特性的"适者"，便传播开来。

而且，这些系统可以实现动态动力稳定性。我们已经看到了，共同自催化集体符合这三个闭合体系的特征：做功任务闭合体系、约束闭合体系、催化闭合体系。这意味着，相同的系统在每个周期中都重新创造。这种传播重建了动态动力稳定性。相比其他的多聚体随机洗牌，其中怀有自我复制稳定性的分子系统的始祖生物，会获胜并在日后进入新的循环。

简而言之，共同自催化集体通过产生相同的多聚体，制造了可被选择的集体，这就是它们被选择下来的基础，选择也能作用于多层结构的环境中，使之传播时 —— 水相、胶状或干涸状态 —— 更稳定。多层结构通过限制并保存其内含物免受极为恶劣环境的侵蚀，帮助这个集体。

这又引出了分子的共生理论。这使得选择的对象不仅是集体中有优势的多聚体，也选择了在多层结构里传播的始祖生物中的脂类。

在第 5 章中，我们提出了，一个共同自催化集体可以催化并且将自身嫁接到一个连接着的催化的新陈代谢系统中。戴默-迪默环境也许就表明了，这是如何在早期地球上 —— 或者宇宙中任何类似的条件下 —— 发生的。在新形成的地球上，这样的系统会富含有机分子，通过像默奇森陨石那样古老天体上的有机分子的补给，最终得以联系在一起，进入一个新陈代谢系统。

有些新陈代谢系统会比其他的，在支持和它们相耦联的共同自催化集体的繁殖上，要更好，那么这些就会通过达尔文说的那种过程，被选择并扩大。

在这过程中某个点，假设新陈代谢产生了某种脂类，它是个副产品，对自催化集体没有什么用。最终，这样的共同自催化集体、一个相连的催化产生脂类的新陈代谢系统，和那些特别的有包裹自催化集体和新陈代谢系统能力的脂类，会产生一种形式的"原初细胞共生体"。

一种可以形成一个更复杂的原初细胞的途径或许是通过胶状相，那时，特定的脂类若可以用作形成多层结构的胶状体中原初细胞的局部斑块，那它们就会被选择下来。这也许就在池塘水位下降时，在胶浓缩状态起作用的，一个新陈代谢系统、脂类和共同自催化集体的协同选择。

那么，你可以猜测，现在这三种"互相耦联的相"（新陈代谢系统、脂类、自催化集体）一起工作，就能形成一个复杂的原初细胞，有膜边界、脂类生成、自催化集体和新陈代谢系统，如图6.1，它能不需要干湿周期就通过出芽进入到池塘中,能自由生活在池水中。在这个"后始祖生物"世界的某个阶段,原初细胞整合创新,直到一不小心(或曰,偶然),它们学到了分裂的技巧,于是所有的原生质和代谢的自催化集体安全地复制并在两个后代细胞中分开,于是 —— 大功告83 成,你已经转型为生命了(我们都知道了)。

这个大胆的情景,需要共同自催化集体和包裹它们的脂质体按照一样的速率分裂,于是它们能够在时间上同步分裂。塞拉和维拉尼(Serra and Villani,2007)已经展示过,这很容易发生。

这就是生命开始的方式吗?也许是的。这都比较简单。塞拉和维拉尼最近的书(2017)描述了让一个原初细胞,在低浓度的情况下,开始白手起家工作的难度。

上述仅仅是一个令人期待的开始,还需要进一步研究。

熵和持续的自我构建

一个很深的主题是,既然有热力学第二定律,那生物圈如何构建复杂度。第二定律说,在一个封闭的体系[1]中,无序度,或曰熵,只能增加。在一个物质和能量能流入流出的开放体系中,熵增大;但可以做热力学功,提高复杂度。在我们对原初细胞的预期中,脂类被构建

---

1. 这里有一个表达上的差异:热力学中把不与外界交换物质和能量的系统叫做"孤立系统",而不是封闭系统,"熵恒增"是孤立系统的定律。但在"热力学时代"之前和之后,人们的研究对象都不是绝对的孤立系统,而是在自己关注范畴内界定了一个符合热力学第二定律的"封闭系统"——译者注。

起来。在植物中，光合作用用水和二氧化碳构建了葡萄糖分子。不过，如果第二定律降解这个有序度的速率要比创造速率更快，那么有序度便不能积累。有序度是怎么积累的呢？

因为三个闭合体系——约束的、做功周期和催化的体系，我们似乎能想到一个充分的对有序度积累的回答。在一个受约束的和做功的闭合体系中，在非平衡态过程中能量释放，在约束条件下做功，这个功用于构建相同的更多的约束条件。这是在利用能量构建进一步的有序度。这些系统也是自我复制的分子系统的一部分，因为自催化集体，意味着它们相比第二定律耗散有序度的速率，可以以更快的速率复制并且构建有序度。这是持续的自我构建。我们很快就看到，这样的系统能够通过可遗传变异和选择来演化。生物圈现在就能构建自身了。

84

没有说的事情

从沉默而死寂的地球到原初细胞，已经是沧海桑田了。但是现在的生命是基于更多的东西：编码蛋白质生产的DNA，蛋白质，包括DNA聚合酶——DNA用来复制自身的酶，还有更多更多……（原核细胞、真核细胞、多细胞生物、有性生殖……）。

我们能想象这最初几步，但依然有无尽的秘密。

85

第 7 章
可遗传变异

达尔文是对的。有了可遗传变异和自然选择，加上诸如我们这本书里探索的一些形式的有组织传播，纷繁的生物圈的辉煌才能够、并确实出现了。大黄蜂、红杉树、海胆、落潮时岩石上的乌鸦：我们的世界繁花似锦。

在如今的细胞中，可遗传变异是由于基因突变和重组而产生的，是基于细胞中编码的蛋白质聚合酶进行 DNA 螺旋的复制这一个过程。但这首要有基因、所编码的蛋白质的合成，等等。这些在早期生命中都不存在，而早期生命首先要通过可遗传变异和自然选择的适应性演化，才能到达基因和蛋白质合成这一步。

那么，原初生命，也许是共同自催化集体或脂质体中裸露的复制着的 DNA，是如何进行可遗传变异的呢？

如果原初细胞拥有持续复制的 RNA 核糖体多聚酶，那么它们可以通过错误复制自身，来实现可遗传变异。问题就是，它们也会遭受到"艾根-舒斯特错误灾难"，我们之前在此书里提到过的问题。也就是说，在突变率很低的情况下，每个 RNA 序列会在其主序列附近的范围内轻微变化。当突变率增加时，这个群体中的成员会迅速分道扬镳，那么所有的信息都会被丢失。如果错误的聚合酶拷贝比野生型更加容易犯错误的话，就更糟，以至于每一个复制周期内突变率都会上升，这在之前提到过。有用的序列会很快就耗尽。

87

如果多聚酶会在自己周边聚集其他对原初细胞有重要功能的RNA序列，这些序列以一个固定的突变率复制，那样也会遇到艾根-舒斯特错误灾难。

我们无法知道一个未知的、还没有发现的、持续复制着的RNA序列的突变率，所以这个话题可能有一些抽象。如果这个突变率足够低，那么系统就能演化；如果太高，那么就不能。

如果原初细胞包裹着一个共同自催化集体，那么它整体可以作为一个继承的单位。通常而言，这会由一个或多个不可降级的自催化闭合反应环，还有一个不参与自催化的尾部组成。正如沃绍什（Vassas et al.，2012）等人指出，这个闭环就好比一个基因，这个尾部是和基因关联的早期的表型。也就是说，这个尾部对这个集体的复制是不必要的，所以就参与了其他功能作用，比如催化新陈代谢系统。共同自催化集体可以通过获得或丢失表现为基因的这种不可降级的集体，来演化。

在戴默-迪默的理论中，也许共同自催化集体的出现要相对容易一些。一个脂质体大约直径1微米，那么在一个10平方微米的面积内，就有大约100个原初细胞形成胶，或从胶中形成。在一个平方米内，

就会有 10^{12} 个原初细胞。正如戴默和迪默提到的（2015），局部的尝试方式有很多很多可能性，包括交换不可降级的自催化集体闭合体系基因。

88

正如我们在第6章看到的，想象原初细胞在戴默-迪默的干湿模型中获得和失去不可降级的自催化集体，这很容易。两个脂质体迅速融合，使两个体系融合进入一个新的集体，这样就能共享它们那些不可降级的集体。脂质体还能出芽，允许不可降级的集体在后代脂质体中的某一个中，因为随机扩散而丢失。

共同自催化集体的其他演化手段，也是存在的。正如巴格雷和法默（Bagley and Farmer）几年前提到的一样，集体的组分以相对高的浓度出现，便能够驱动自发反应，自己成为底物，形成新的分子种类。如果那些产物能够粘附于原先的集体并起催化作用，那它就演化出新的分子种类。

最后，催化并不是绝对特异的，任何聚合物都可能催化一系列类似的反应，也带来了多变性。

于是我们已经又迈出了重要的一步：共同自催化集体可以通过获得性遗传和自然选择来演化。它们包藏在脂质体里，成为自然选择的单位。我们的始祖生物，也就是我们所有人的祖先，便得以演化。

89

第 8 章
我们玩的游戏

　　我以这个问题开始了第2章：自大爆炸以来，宇宙是如何从物质变得有意义？回答简而言之就是，自从有了原初细胞的演化，物质变得有意义了。

　　在20世纪90年代晚期，我发现自己在"能动性（agency）"这个问题上非常纠结。一个物质系统必须如何才能成为一个能动者——一个能做事的个体——有能力代表自己执行自己的行为？我发现自己想到了这个答案（Kauffman，2020）：一个分子自主能动者就是一个能够自我复制，并且做了至少一个热力学功周期的系统。比如，想象一个细菌逆着葡萄糖梯度游泳。糖就对细菌有意义。意义就成为了宇宙的一部分。能动者把意义介绍进了这个世界！能动性是生命的基础。

　　我不知道怎么去推演我的定义。定义在科学上是一件很怪异的事——既不真又不假，只希望它是有用的。牛顿的 F = MA，正如庞加莱指出的，是一个定义的循环。力是基于质量定义的，质量又是基于力通过一个独立定义的量"加速度"来定义的。不过这个定义描述了两者之间的本质，就这而言，经典物理——比如天体力学——的功

91 效，我们也都看到了。

　　生物学家担心达尔文主义是循环定义，正如"最适者生存"中，最适者就定义为生存着的那些。但达尔文毕竟为我们解析了生物世界。既然正如我们看到的，定义既非真也非假，那我对能动性的定义或许也能推出点东西。不管如何，定义对于我们以新的方式看世界，是非常有用的。

　　一个能动者不需要"知道"自己是能动者。基于我们的定义，阿什肯纳齐的九肽共同自催化集体（Wagner and Ashkenasy，2009）已经是一个能动者了，因为它复制并做了一个功周期。一个功周期和一个热力学功周期的唯一区别是，后者还必须把一个非自发吸热过程和一个自发的放热过程耦联。这不重要，因为它可以很容易解决。在我《科学新领域的探索》这本书中，我展示了一个简单的做一个真正的热力学功周期的自我复制系统。

　　阿什肯纳齐的系统还没有被一个脂质体所包裹于其中，它还不是一个原初细胞。一旦这一步发生了，那么就没有什么疑问了。我极其高兴地认为这样一个系统就是一个原初的分子自主能动者。

对世界的感觉、评价和回应

　　回想一下，在第6章戴默-迪默的池中或池外，演化着的原初细胞能够繁殖并且以各种方式演化。设想，能够感知其世界、食物的存在、有毒物质的存在，并且能够对这些东西作出评价——"对我而言好吃还是难吃、有益还是有害",还有能够以某种方式对那些环境情景进行应答,选择食物、躲避有毒物质,这样是有选择优势的。

这些能力的出现,其选择性优势是巨大的。想一下这些实现之后的样子。意义也演化出来了,即,"对我好还是对我不好的"。

凯瑟琳·P·考夫曼[1](Katherine P. Kauffman,2017年9月私下联系)想到了上述的这组"三和弦"——感觉这个世界、作出评价、作出行动——是情绪的基础。我认为她是对的,并且,正如她自己主张的一样,情绪也许是最先整合的"感觉"。其他的感觉从这开始,并且通过被整合进这个最初感觉,和评价关联在一起——对我有益、对我有害,也开始演化。

移动

到现在为止原初细胞是不能爬动的,更不用说走动了。但我们可以想象,这种能力演化出来,是多么神奇。这也许是通过控制内部的"液相-胶相"转化——从湿漉漉的泥浆变为果冻样的状态——而出现的,比如,通过化学渗透压泵。于是,原初细胞的一部分可以通过控制变成液体一样的溶液,另一部分则成为固体的胶状,让溶液区域相对胶状区域进行移动,于是产生一种变形虫那样的运动方式。

对柏拉图和古人而言,自我移动就是"灵魂"的标志。我们有了

---

1. Peil, Katherine T. "The Emotion: The Self-Regulatory Sense." 2014. Global Advances in Health and Medicine. 3(2):80-1-8——原作者注。

灵魂和活力的雏型。这便是从不动的世界向动的世界的过渡。

从物质到意义

现在有了能动性。有了能动性就有作为。原初细胞，或者说细菌，会主动获得食物，躲避有毒物。无论这个主动行为是怎么做的，比如，现代的细菌用纤毛游泳，或者原初细胞的液-胶相变形虫一般的运动，这都不只是"发生"，而是"作为"。

我们为什么要作这个区分？在第 2 章中，我们认真地讨论宇宙中，功能完全是依赖于它在生物体中所造成的作用（心脏泵血），可以使生物体在原子水平之上非遍历的宇宙中存在。当这个能动者去获得食物时，它实施了一个功能。它要在这个原子水平之上非遍历的宇宙中存在，也是如此。所获得的就是功能 —— 一种作为，而不仅仅是事情的发生。

工具性的应然

大卫·休谟说，人不能从"是然"推出"应然"，即著名的自然主义谬误。从母亲爱她们的孩子这个事实中，你不能推导说她们应该如此。但是休谟是大错特错了。休谟，在英国经验主义的传统中，想到的是一个笼统的被动进行观察的意识/脑。他想知道这进行观察着的意识是如何得到可靠的关于世界的知识的。他正确地想到了，从所观察到的事实，你不能推理说这就应该是这样的。我们生活在自然主义的谬误中。

但是休谟忘记了，生物体在行动，即便是简单如变形虫的生物体也是如此。一旦宇宙中有了"作为"，那么也就有了"做得好"或"做得糟"。我设法吃冰激凌甜筒时，我可能会不停撞到我的额头。简而言之，"作为"，便带来了工具性的应然。我们都是能动者，我们做得好还是做得不好是不一样的！所以我们应该要做得好。这是一个工具性的应然，不是道德上的应然。工具性的应然，怎么去做事，在能动性这个概念出现后就伴随着我们了。所以，它是亘古的。 94

我们所玩的花哨的游戏

岩石不会演化出躲避或欺骗其他岩石的能力。但是能动者可以。一旦有食物、有毒物质、简单的食物链，猎物会模仿有毒物质以躲避捕猎者。模仿在演化中比比皆是。有些蝴蝶模仿其他味道不好的蝴蝶的特征，躲避捕食者。一旦有食物网，猎物会演化出面对捕食者时躲避的战术。无论有没有食物网，在生态系统中，生物演化出的彼此之间的游戏，五花八门。每次，意义都会在新的更多地方萌芽。

我们互相之间一起玩的游戏，是：我们在一起，为了在这个原子水平之上非遍历的宇宙中共存，让生命伴随我们，并不断推陈出新发明出更多游戏。我们玩着花哨的游戏，并且，我们这样为的是让我们能演化到都能玩这个游戏。我们创造了史无前例的交织着的合作和竞争网络。正如我们会看到的，这种演化是不可以预知的。我们不仅不知道将会发生什么，我们甚至不知道可能发生什么！这个主题在这本书之后的部分，都会伴随我们，因为它强调了生物圈不可预知的演化——乃至演化出了我们的全球经济。 95

插曲：
帕特里克·S. 第一、鲁伯特、斯赖、格斯那些令人惊讶的真实故事——早年的原初细胞们

帕特里克的故事！

很久很久很久以前，大约是四十亿年前，在冈瓦纳古大陆的西海岸，原初细胞形式的生命刚刚开始。一切都发生在浑浊的日光下、烧焦的地球上，在一个浅浅的泻湖里。日复一日，直到有一天帕特里克、鲁伯特、斯赖和格斯成为了它们自己。刚刚诞生时，它们只能勉强算是原初细胞，和它们同辈的表兄弟姐妹们并无不同，平凡无奇（姑且叫做第X代原初细胞吧），干湿干湿交替着，这一代"人"被动地吸收着流入泻湖湖水中的各种物质。你大致可以认为它们在"吃"东西。它们数量翻倍增长，制造出大量的X代群体，40亿年之后，它们的孙辈的孙辈的孙辈的……孙辈们，你懂的，就是我们和其他生物，遍布这颗蓝色星球。

但那个时候，没有一个个体能"吃"到很多东西，因为那个时候，所有更小的漂浮着的东西，移动速率也就和X代原初细胞们差不多。这没关系，因为它们所有个体都这样，没有谁会不高兴。

97

但有一天，帕特里克这颗原初细胞突然觉得自己体内被磕了一下。"什么东西？"它想，还有点害怕，"哦，好吧，那什么什么的扎出来了，好痛。"

帕特里克感觉到了阵痛，甚至有点钻心。一个小分子，由十三个氨基酸组成的多肽，从它一侧伸出来。

然后你知道发生了什么？那个小肽磕到比帕特里克大多了的巨石上，不过这块"巨"石比一个针头还是要小很多的。

这条肽粘在岩石上。帕克里克自己也被粘住了！它无法四处漂浮，在泻湖中欢笑，它等待着。

"我需要赶紧逃离。"帕特里克紧张地想着。它用肚子猛烈一扯，底朝天，但还是牢牢粘在那里。它越努力抽身，似乎就粘得越牢。

"糟糕！"帕特里克想，"什么都没有了！如果我有母亲，我会向她求助。"它战战兢兢地说。

"哦，不过，也许我在几轮干湿交替后就可以离开了。"它思忖着，觉得会像后来那种小艇在退潮时搁浅在海边岩石中那样。

"但在这之前，我必须努力活下去。"

"也许我还会撞到其他东西。"它心怀希望。

"但怎么才能做到呢？我现在还粘在这块老土的岩石上。"

帕特里克并没想出什么办法，对这悲惨处境有点绝望，四处找了找，你猜发生了什么？

好吧，你永远猜不到帕特里克发生了什么。

转瞬之间，帕特里克看到了很多东西都被水冲向自己，比它之前所有看到的还要多，到处都是，充满身边，快速流向它，它害怕它根本吞不下那么多。

所以，最有可能的情况就是，帕特里克尽自己全力快速地吞下很多东西。

很饱，不过瞬间 —— 比正常情况下还要快 —— 帕特里克分裂成两个帕特里克了。

"我们都粘在这里了。"它们都哭了。确实如此，它们俩都粘在同一块巨大的岩石上了。

帕特里克和帕特里克们现在分裂极为迅速，有好多好多的东西流向它们，很快，就出现了很多很多帕特里克！

大约七个月后，岩石上出现了一片帕特里克的斑块，那是很多帕特里克的孙辈的孙辈的孙辈们，它们随后变成了 …… 什么？

自从帕特里克被粘在岩石上以来，它变成了这颗早期地球上最早的固着滤食生物。想想，那可是最早的那个！

这就是帕特里克如何变成帕特里克·S.第一的故事！

在帕特里克被粘住之前。它就是一个平凡幼稚的第X代原初细胞。现在它不平凡了。它可以一直住在岩石上，日夜滤食生活。

帕特里克是怎么到这一步的？好吧，似乎说不出所以然！帕特里克·第一就是这么出现了。

一开始，那时有很多很多X代原初细胞们，帕特里克只是其中之一。它们都缓慢分裂，同时还慢悠悠地吃东西。

但帕特里克却意外地抓住了一次机会，当然纯属意外。那时有营养物质漂过来，也有很多岩石——包括它粘住的那快。所以，如果它粘住了，那么它在每单位时间里会比其他原初细胞获得更多的营养物质，因而分裂更快。

在这个变化着的宇宙中，一个"情境"，如何才能变成一个"机遇"？就像岩石和缓慢流动的营养物质一样，对于帕特里克就是一种"机遇"。对岩石而言，流动的水就仅仅是"情境"，而不是"机遇"。

并非所有事情、所有过程，都是机遇。一块小石头本身就不是一个机遇。岩石和携带一堆东西的水流也都不是。如果没有那"特别的

99　谁"能够抓住这个机会并且利用这个机会，那就不存在"机遇"。

帕特里克就是那"特别的谁"。帕特里克抓住了机遇，"这是给我的。"帕特里克想。很高兴，它就是那个抓住了一生中仅有的一次机遇的"人"。

帕特里克成为了"机遇"降临到的"特别的人"。

宇宙中的某个个体，究竟需要怎么样才能"抓住一次机遇"呢？

一件事物，究竟如何才能变成，或成为一个能被抓住的机遇，或者能让某个个体抓住的机遇？

这里令人惊讶的关键点值得反复重申：没有那个"特别的谁"，就不会有机遇；对那个"特别的人"而言，其所在情境，恰恰就是可以被抓住的机遇。

什么可以算作是机遇，什么不能，如果脱离那个"特别的"能抓住机遇的"人"来讲，也是毫无意义的。但这不是空想的，也不仅仅是说说而已。帕特里克在早期生物圈中，以最早的固着滤食者身份，真的出现了；因此，它通过抓住了机遇，在这个原子水平之上非遍历的宇宙中出现了。它成为了帕特里克·S.第一固着滤食者。

什么才能算是"抓住了机遇"呢？对于帕特里克和生物圈而言，成功是真实的：更多的帕特里克形成了，帕特里克斑块确确实实地在

X代原初细胞中脱颖而出。

帕特里克和它的后代们能够这样，是因为它们是自创生的，即，它们是自我复制的系统，能够自我维持并繁殖，有可遗传的变异，会被选择。因此，它和它的后代可以抓住机遇。它和它的后代是康德整体，整体的存在既是因为，也是为了部分的存在。

特别地，帕特里克是一个脂质体——中空的囊泡——中多肽的共同自催化集体，能够出芽，能制造脂质体外壳需要的脂类。帕特里克是生命的早期形式，能够通过可遗传变异和自然选择而演化。这就是帕特里克成为"特别的谁"的原因，于是，情境——这里指的是缓慢的流动的营养物质和小小的岩石——便构成了可以抓住的机遇。帕特里克在这个原子水平之上非遍历的宇宙中出现了，而相比之下大部分复杂事物是不可能出现的。毫无疑问，它做的不过是抓住了一个比针头还小的岩石，这是了不起的壮举！

"我很高兴。"帕特里克·S.第一思忖道，"我就想留在这里，我喜欢这里，我在我想要分裂的时候分裂。"

于是帕特里克分裂了，并且两个两个地制造了很多帕特里克，直到它发现帕特里克斑块已经遍布了泻湖中的很大一部分。

这就是帕特里克的故事的第一部分，第一个固着的滤食者是如何无中生有似地来到这个世界上。

你知道这些就行了。这就是事实上所发生的。但难道不精彩吗？一开始，没有帕特里克，后来，帕特里克莫名其妙似地成为了"第一"个固着滤食者。这仅仅是因为它的一根多肽恰巧粘在了岩石上。

后来，达尔文会把这次黏附事件，叫做帕特里克的"预适应"。

鲁伯特的故事

接下来讲鲁伯特的故事（帕特里克的存在，是如何给鲁伯特的出现和生存提供机遇的）。

鲁伯特也就和普通的原初细胞一样，虽然很简单，但还真的比其他原初细胞更加简单。它不会游泳，但是它靠近别的东西时会扭动。也许扭动是因为它很兴奋。不过除了扭动以外，鲁伯特也有点特别。它可以吃东西，它还可以粘住其他X代的成员并且在它们身上打个洞，吸取它们体内的东西。鲁伯特认为这很好，它时不时地撞到其他X代成员，从后者身上饱餐一顿。但是撞到其他X代成员这事儿不经常发生，因为它们都和水中漂浮的东西一样只能缓慢移动。鲁伯特，和其他个体一样，大部分时候也就是吃吃无聊的传统的东西。

一天，你猜发生了什么？鲁伯特漂向了远离泻湖大部分地区的帕特里克斑块。

"啊，糟了！"鲁伯特想，"这地方充满了……这什么玩意儿？我怎么才能回到清澈的泻湖里？"

它试着扭动，但是移动极其缓慢。它已经尽全力了。

鲁伯特像帕特里克之前那样悲伤，也许更加悲伤。它离清澈的泻湖很远。

你猜发生了什么？它撞向了帕特里克第4838世。

鲁伯特在它身上打了个洞，把那个可怜的帕特里克吃了。

"啊，我完了！"帕特里克4838世想。

"舒服！"鲁伯特想。

于是鲁伯特成为了泻湖里著名的鲁伯特·座山雕·原初细胞。它是泻湖里最早的捕食者，甚至是全球第一、宇宙第一。鲁伯特改变了整个宇宙的历史。

鲁伯特，和帕特里克一样，正是那个"特别的谁"，于是机遇垂青了它。但鲁伯特的惊人之处在于，它的机遇不仅仅包括充满营养物质的泻湖，而且也包括了帕特里克。因为帕特里克是固着在岩石上的固着滤食者，所以相比撞到漂浮在营养物质的水流里的其他X代原初细胞们而言，鲁伯特和它的亲属，能更快地撞到了帕特里克和它的亲属。

帕特里克是鲁伯特所遇到的机遇这整个情境的一部分。鲁伯特抓住了机遇。帕特里克，因为自己的存在并且制造了帕特里克斑块，给予了鲁伯特机遇，因为鲁伯特原初细胞不会游泳，它只能在充满营养物质的水流中缓慢移动，移到哪里吃到哪里 —— 而且，只有非常非常偶然才能撞到X代们。所以鲁伯特的机遇就是帕特里克·S.第一和后者的亲属们 —— 帕特里克斑块里的固着滤食者。相比随波逐流、非常偶然地吃到第X代原初细胞们，鲁伯特更能撞到很多帕特里克的同类。

吃到了那么多东西，鲁特克现在可以快速分裂。很快，在帕特里克斑块里生长了很多很多鲁伯特，还有就是，泻湖里现在也早已有了不少帕特里克斑块。

帕特里克遇到机遇那阵，还没有其他任何的生命。帕特里克的机遇仅仅就是随波逐流并且不知何故抓到的小石头。但是因为通过开天辟地般地在宇宙中存在，帕特里克和它斑块里的亲属们现在也构建了"情境"，是鲁伯特来到这个世界上的机遇：没有帕特里克就没有鲁伯特。鲁伯克很快就忘记了吃那些很偶然才能撞上的X代原初细胞们，它完全依靠吃帕特里克而生存了。

生态系统变成了第X代原初细胞们、漂浮的东西、帕特里克斑块上的帕特里克们、抓着帕特里克们的鲁伯特们。这就像几十亿年后的草和兔子。

你能对此写出一个等式吗？你怎么知道你该写什么？这已然就是你需要知道的故事。数学在这里起什么作用？在帕特里克和鲁伯特的变化中，数学并没有多少帮助。事实上，数学不能告诉我们任何关于这种变化的东西。

但毕达哥拉斯教导我们一切都是数字。真的如此吗？这里的"数字"在哪里？纵观全局，不需要数字。帕特里克和鲁伯特从来没有听说过很久很久以后在阿哥拉布道的毕达哥拉斯。

103

原初细胞斯赖的神奇故事

一开始，斯赖也就是一个平凡的原初细胞，不过它和早期的鲁伯特一样，可以吃漂浮的东西，而如果碰巧撞到第 X 代们时，它也可以吃掉它们。

斯赖，并不是知道自己的名字有点贬义，它非常高兴。它在泻湖里漂浮，吃东西。

一天，斯赖撞到了鲁伯特。你猜发生了什么？一不小心，斯赖表面的一根多肽粘到了鲁伯特身上！斯赖很难为情，鲁伯特对这根"绷带"则是非常生气。不过选择权在斯赖手里，鲁伯特甩不掉斯赖。

你猜发生了什么？

当鲁伯特吃了帕特里克时，一些汁液通过鲁伯特身上的洞，从它内部挤了出来，斯赖就舔舐着这些帕特里克的残余汁液。

事实上，鲁伯特对这处置方式开始高兴了，因为它外面粘到的汁液感觉黏糊糊的。斯赖有点像清除鲨鱼牙齿的小鱼，生存的手段很古怪，对吧？但是斯赖改变了宇宙，因为斯赖分裂更快了，很快就有很多很多的斯赖粘着很多很多的鲁伯特，这些都在泻湖里的帕特里克斑块上。

斯赖还做了更多。你看到了，帕特里克和它的后代难以粘在比针尖还小的小石头上，有时会滑落。但是当斯赖喝掉鲁伯特吞噬帕特里克时的汁液时，斯赖似乎会向泻湖这片小小的区域里分泌一种胶水，帮助帕特里克附着在岩石上。所以当鲁伯特和斯赖存在时，帕特里克能够更安稳地生活在帕特里克斑块里，能够更强力地粘附在小小的岩石上。

接下来呢？斯赖生存下来了。它的机遇包含了鲁伯特和帕特里克两者。斯赖也是那个"特别的谁"，它抓住了机遇。现在斯赖也神话一般存在了。

还有更多。鲁伯特不像原先一样再吃X代原初细胞了。而帕特里克有时从岩石上滑落时会死去，这减少了鲁伯特可以吃到的帕特里克的数量，所以这限制了帕特里克的数量，也限制了鲁伯特的数量。但是斯赖帮助帕特里克更牢地附着在岩石上，所以所有人都从中获利。帕特里克为鲁伯特提供了生态位（niche），鲁伯特为了斯赖提供了生态位，斯赖则帮助制造了帕特里克的生态位！它们形成了一个三个物种的"共同自催化集体"！这样的彼此提供生存空间的多物种的共同自催化集体，如今也存在。

事实上，斯赖的胶水太棒了，以至于帕特里克自己忘记了怎么粘附在岩石上了，它完全依赖斯赖了。这个自催化的小生态系统变得更加紧密、彼此依靠。它们共同工作，帕特里克、鲁伯特、斯赖的亲属们得以在这个非遍历的宇宙中长时间生存。

格斯的故事

格斯也是普普通通的第X代原初细胞。它和其他个体一样，在泻湖里晃来晃去。

它时不时地看到小石块，它想去碰它，但是它无法抓住那块石头；所以它继续漂浮、分裂，都不是很利索。

一个春天，格斯漂到了帕特里克斑块上，你猜发生了什么？

格斯撞上了一个帕特里克，格斯发现自己可以抓住帕特里克。于是它就抓住了。

猜猜它学会了什么？

格斯间接地粘到了帕特里克的石块上！它很高兴，因为它已经靠自己试着抓住岩石，但都失败了。但现在，缓慢随着水流过的东西，在快速流过它身边时，也粘到了格斯身上，然后它饱餐了一顿。和帕特里克一样，格斯也分裂更快了。有时候，会有两个或三个格斯粘在一个帕特里克身上，帕特里克虽然很生气，但是无法甩开，因为它只能摆来摆去。

格斯就是那个"特别的谁"，帕特里克是它的机遇。所以帕特里克提供了两个新的生态位，构成了两个新的机遇，一个给了鲁伯特、一个给了格斯。

达尔文曾经描述了这个画面：一个物种会像楔子一样挤入大自然已然拥挤的地盘 —— 是竞争激烈的大自然的楔子，大自然为它的生活创造了一个空间。这和帕特里克、鲁伯特、斯赖和格斯的故事不一样。帕特里克，是通过抓住机遇才变成帕特里克·S. 第一的，它形成了帕特里克斑块，于是创造并且成为了鲁伯特的生态位。帕特里克正是鲁伯特的生态位，是它的机遇。鲁伯特正是斯赖的生态位，斯赖和它的胶水也成为了帕特里克的生态位。帕特里克也是格斯的生态位。

没有什么插入大自然地盘中的楔子。这个"地盘"自己在扩大，通过创造了帕特里克、鲁伯特、斯赖和格斯而创造了新的生态位，它们彼此创造了生态位。帕特里克、鲁伯特、格斯和斯赖创造了大自然地盘里的新缝隙，是彼此的新的生态位。生物圈和全球经济很大程度上就是这样的，两者的多样性都突飞猛进，就好像帕特里克催生了鲁伯特，鲁伯特催生了斯赖，斯赖又让三个物种的生态系统更稳定，然后格斯进来挂靠了帕特里克。

我们似乎造就了我们的世界，然后为彼此创造空间。每个"特别的谁"则为其他在他附近的人创造了更多可能的生态位或者空间的机遇。邻近可能的生态位，就好像虫子进到鱼鳔中那样，比那些因为存

在而创造了特别的邻近可能生态位的占据者，以更快的速率爆炸式
增长。

以差不多的方式，生物圈和全球经济在多样性方面都是爆炸式增长。每个物种为还没出现的新物种，提供了一个或更多的邻近可能的生态位，后者才能扩张，现在的一切才成为可能。寄生藤挂在努力生长的树木上。新的货物、服务和产品的能力以一种让更新的货物、更新的服务能够出现的方式扩张。私人电脑让文字处理成为可能，继而让文件共享成为可能，继而让互联网成为可能，继而提供了网上售货的可能性，继而网上的内容很快就让浏览器诞生了。汽车进入生活，让汽油工业和柏油公路成为可能。柏油公路需要交通管理。道路又让汽车旅馆和快餐成为可能。

不只是达尔文想的那样，大自然的地盘到处充满了竞争，而是，每个物种也提供了邻近可能的新生态位，仿佛是地盘上出现的"宽缝隙"——新的生态位迎接新的物种来进入这个缝隙中，然后再组成新的生态位。可能的新缝隙比创造它们的物种扩张得还要快。帕特里克创造了两个生态位，一个给鲁伯特，一个给格斯。互联网则既创造了易趣网，也创造了亚马逊。

这是那个能抓住我们每个人所创造的邻近可能生态位的"特别的谁"所不可预知的变化。"大自然的地盘"的扩张，让我们以一个比我们所有人的出现都更快的速率，共同创造出接二连三的新空间。这就是复杂度出现的方式。

第 9 章
舞台已经搭好了

　　自有了帕特里克·S. 第一和它的伙伴们，舞台就搭好了。生命已经开始，生物圈多姿多彩地前进着。帕特里克、鲁伯特、斯赖和格斯是原初细胞，它们开始了不可预知的一番变化。它们以类似于戴默和迪默所预言的方式在泻湖中出现、演化（Damer and Deamer, 2015）。它们以达尔文叫作预适应（preadaptation）的方式适应 —— 就是说，它们拥有的特征并不是为了一个特定的功能而被选择下来的，而是当机遇来的时候，能够获得功能。羽毛是为了温度调节而演化出来的，然而却被用于飞行。比如，帕特里克有一根多肽从体内伸出来，这是为了其他的功能，或者并没有为任何功能而演化出来的，但是却恰好能够粘住岩石。所以帕特里克才成为了帕特里克·S. 第一固着滤食者。

　　我们会在第10章进一步讨论达尔文的预适应，因为虽然我们不能预知，但它们驱动了大部分的演化。帕特里克，通过粘住了岩石，在单位时间内得到了更多食物，所以，一种新的"物种"诞生了。那块岩石是帕特里克的机遇，帕特里克是那个"特别的谁"，能够从被可遗传变异和自然选择所抓住的机遇中获益。如果没有"特别的谁"，那么就没有机遇 —— 机遇是针对"特别的谁"而言的。

这种演化早期形式，有惊人的特征：每个来到这个世界上的个体，都能构成新的"情境"和机遇，不造成更进一步的生命形式，但是却让更进一步的生命形式出现成为了可能，即让新"物种"来到这个世界。帕特里克构建了后来鲁伯特所填上的空缺生态位。鲁伯特和帕特里克共同构建了新的生态位，让其他生命形式 —— 斯赖和格斯 —— 以"依靠"帕特里克和鲁伯特之存在这样的条件，来到这个世界。生物多样性和生态位多样性的提高，反过来进一步给之后"物种"的更多机遇提供了条件。这也创造了更多的情境，给更多机遇创造了条件。

正如在帕特里克和伙伴们的故事里，达尔文想出了这样的画面：物种像用楔子钉进木板一样，钻进了大自然拥挤的地盘中，为自己求得生机。但不止如此。帕特里克，因为自己的存在，构建了这个地盘中新的裂缝，让鲁伯特出现。鲁伯特并不需要自己拼了命挤出一道缝隙来，帕特里克就已然是这道缝隙。鲁伯特也是斯赖的缝隙，帕特里克也是格斯的缝隙。随着物种多样性的上升，新的缝隙的数量、新的邻近的空缺生态位，比物种的数量的增长还要快。多样性爆发式增长！帕特里克提供了两个生态位，一个给鲁伯特，一个给格斯。互联网提供了大量的新缝隙，包括给易趣网和亚马逊的那些。全球经济在多样性上爆炸式增长。因为自己的存在，物种为其他物种以更新的姿态生存，创造了邻近可能的机遇。

生物圈在多样性上的爆炸式增长

理查德·道金斯在他著名的作品《自私的基因》（Dawkins, *The Selfish Gene*）中说道，演化多多少少是基因为了生存的粗暴竞赛，进

一步说，生物体仅仅是其携带的、将被选择的基因的载体而已。这个
说法很缺乏说服力。正如我们看到的，帕特里克，通过存在，构建了
空的生态位，让鲁伯特出现了；鲁伯特构建了斯赖可以出现的生态
位；帕特里克构建了格斯可以出现的生态位。物种，通过自己的出现，
简直是创造了其他物种可以出现的新生态位。而且，生态位本身并不
造成新物种的出现，而是提供了可以让新物种抓住新生态位并进一步
110　演化的机遇。

　　这可比"自然，是血淋淋的尖牙利爪"丰富多了。被选择的不是
帕特里克的基因，因为帕特里克那时还没有我们熟悉的DNA那回事
呢。这里没有自私的基因，只有一个叫做帕特里克的完整生物体。道
金斯忘记了生物体。是生物体被选择了，基因只是搭着车。我们会在
第10章看到其他的达尔文扩展适应的新生态位的创立。新物种创造
了还未出现的更新物种的新生态位。于是现在就有了几百万个物种。

我们无法将这种变化数学化

　　我提及帕特里克、鲁伯特、斯赖和格斯，就像在说一个儿童故事。
我能不能写出等式，推导帕特里克、鲁伯特、斯赖和格斯是怎么从平
凡的第X代原初细胞变化而来的呢？好吧，我真不能。设法这么做？那
你能写出什么变量？你怎么在电脑上模拟它们的出现？我真想不出来，
你呢？

　　毕达哥拉斯教导我们，一切都是数字。伽利略也这么教我们，牛
顿紧随其后。自然是以数字的形式记述的，就是济慈所描述的"规则

和准线"。如果我们不能用方程来写出帕特里克、鲁伯特、斯赖和格斯的出现，那么这将是我们认识世界的一个巨大变化。我们能完美地理解那个儿童故事。我们像讲故事一样诉说。不然我们还能怎样？ 111

这就是这本书剩余部分的主题。我们不能用方程来推导这种变化。这种变化是不能用相关的定律来推演的，因为我们无法写出演化着的生物圈的运动定律，正如在演化中，我们在它们出现前不知道哪些是相关的变量。我们不知道帕特里克会用它内部伸出的肽粘住岩石，我们不能把生物圈特定的演化数学化。我们最多，就能寻找这种演化各方面分布的统计规律。简而言之，我会说，生物圈的变化，是没有定律的；所以，我们不能将生物还原为物理。这个世界不是一台机器。

情境依赖的信息

帕特里克、鲁伯特、斯赖和格斯都发展了关于彼此的情境依赖的信息。鲁伯特开始知道了帕特里克和它的习惯。比如，帕特里克学会了掩护，或蜷缩起来，来躲避捕食者，但是帕特里克只能保持那个动作一小会儿，如果鲁伯特狡猾地等待的话，有时还是能吃到帕特里克的。简而言之，帕特里克、鲁伯特、斯赖和格斯彼此之间开始玩了情境依赖的"游戏"。生物体在多样性增长的时候演化得会玩游戏：各种花里胡哨的游戏。岩石不会这么做。碰一下河蚌的"鼻子"，看看它在沙子里喷水。随着五花八门的生物圈多样化，情境依赖的信息也在爆炸式增长。 112

所以舞台就搭好了。从泻湖，生命如泉水般喷出。感谢那三个闭

合体系 —— 约束任务、做功任务和催化任务的闭合体系 —— 生命从
物质上构建了自己，并在这个原子水平之上非遍历的宇宙中，在复杂
度上突飞猛进。这种突飞猛进是"*物理之外的世界*"，这本书的标题。

第 10 章
扩展适应和螺丝刀

我们能在某次演化发生之前，就说出会出现什么吗？这一章的难点就是：一般而言，我们不能。我们不能提前说出会出现什么，正如我们不能预知帕特里克会变成第一个固着滤食者一样。

预适应和扩展适应

我们已经不止一次提及，人心脏的功能是泵血，但是心脏也会发出心音，在围心囊中搅动水。如果你问达尔文为什么心脏的功能是泵血，他会回答说，这是因为我们有泵血功能的心脏的祖先，有选择优势，也正是因为这个原因，心脏被选择了下来，并且传承到了我们身上。

达尔文有很多聪明的想法。这些想法之一，就是他进一步意识到，心脏在一个不同的情境中，也许会因为泵血之外的不经意某方面，而被选择下来。也许我的心脏作为一个共振腔，可以感知地震之前的地震波。我冲到室外，躲过一场致命的地震，出了名，得以大量生育，然后就把我那变异的、制造能感知地震波的心脏的基因，传递给我的子子孙孙。好吧，好像这事儿不是真的，但是你懂我意思了。

　　简而言之，达尔文意识到，我的一些不经意的结果，在当下这个环境中并没有选择的优势，也许在另外的环境中会变得有用，被选择下来。那时，一个新的*功能*会在生物圈中出现。这现象很常见，叫做达尔文式的预适应（preadaptation），对演化的部分并没有预见性的提示。古尔德（Stephen Jay Gould）把这现象重新命名为达尔文式的扩展适应（exaptation）。

　　扩展适应真的是非常普遍。你的中耳骨，即砧骨、锤骨、镫骨，是从早期鱼类的颚骨，以扩展适应的方式演化出来的。可以猜测，这些小骨对声音震动敏感，于是被拿来起到不同的作用。羽毛是为了温度调节而演化出来的，不过被用于另外的功能——飞翔。著名的运动鞭毛，是细菌用于游泳的，并不是一次组装完的。相反，它的蛋白质成分是起到其他作用的，后来被用于身体运动。

　　我最喜欢的达尔文式扩展适应的例子，也许是鱼鳔。一些鱼有鱼鳔，保存空气和水。在囊中空气和水的比例调节水体中的悬浮能力。古生物学家认为鱼鳔是从肺鱼的肺演化而来的。水进入了肺的一部分中，便形成了如今水和空气的混合体，然后保持平衡，演化出了鱼鳔。

　　随着鱼鳔的出现，一个新的功能在生物圈中出现：在水体中的悬浮能力。

　　还有更多。正如帕特里克给鲁伯特一个新的、邻近的、可能是闲置的生态位，会不会有虫或细菌，演化出只生活在鱼鳔中的能力？当然会。所以鱼鳔，正以其存在，借用达尔文的话，就是打开了大自然地盘上的新空隙，然后一种虫就能生活在这个新空隙里。

　　还有一点要注意：是不是鱼鳔导致了虫子演化而生活在鱼鳔中？不是。鱼鳔只是让虫子演化而生活在鱼鳔中成为了可能——有细微，却很关键的区别。

　　"使之成为可能"，而非"导致"，是我们扩展适应这一词的关键。在2012年，朗格、蒙特维尔和我发表了文章《生物圈演化中并无定律来限制，而只是"使之成为可能"》（Longo，Montévil and Kauffman，2012）。我们这里提及的开放式演化中所有的"创造生态位"，说的都是使之成为可能，而不是导致。这还能在更多细节中可见。让虫子拥有生活在鱼鳔中之能力，这一演化中的某一次变异，是随机的量子事件。生物圈的变化中很多部分，都是关于"使之成为可能"。正如前言中讨论的，经济的演化，也是如此。

　　自然选择，在让有功用的鱼鳔"流行"起来这一过程中，起到了作用。但是自然选择有没有导致鱼鳔的流行，使之构建了一个邻近可能的空闲生态位，让虫子能演化而生活在那里？没有！但是，那意味着，即使没有自然选择来实现，演化还是创造了将来演化自身的可能性！演化，即使并无自然选择来达到目的，还是演化出了自己将来变化的新路径！

　　你觉得你能提前说出，鱼鳔，会像帕特里克变成世界上第一个固着滤食者那样出现吗？你能预知鱼鳔、飞翔用的羽毛、中耳中的小骨、鲁伯特、斯赖和格斯吗？不能。你试着说说将来5百万年中人类会如何以达尔文式预适应的方式变化?你说不出。我们会在之后讨论螺丝刀的时候知道为什么。

这隐含着一些更宽泛的道理:我们不仅不知道将会发生什么,我们甚至不知道可能发生什么。打个比方,我们抛硬币1000次,会不会抛出540次正面朝上?我们不知道。但我们能够通过二项定律计算概率。我们不知道将会发生什么,但我们知道可能发生什么——最多就是2的1000次方种可能的情况。我们知道这个过程的样本空间。但是对生物圈通过扩展适应来演化一事,我们连样本空间也不知道。我们甚至不知道可能发生什么。

这意味着,我们无法用任何概率的方法来算出发生什么,因为我们不知道样本空间。

之后,我们会接着这一点,说到,我们根本无法对生物圈特定的演化写出任何定律,生物圈演化的变化,因此就是不由定律所限定的,所以这个演化着的生物圈并不是一台机器。

螺丝刀的多种用途

我给你一把常见的螺丝刀。请给我列出,一把螺丝刀在诸如"2017年的纽约"这种场景下的所有用途。好吧,开始:拧螺丝,打开颜料罐头,刮去窗上的灰渍,捅人,陈列为一件艺术品,挠背上的痒,撬开门,打碎玻璃开窗,塞住门使之关上,绑在竹竿上叉鱼,以当地5%的捕鱼成功率把鱼叉租出去,等等。

螺丝刀的用法，是一个无穷大的数字吗？不对，对于离散的不同的事件，比如螺丝刀的用法，说"无穷大"，就需要一个递推，对所有整数：0、1、2、3、N、N+1……但是当我们有了螺丝刀的N种用法后，下一个，第N+1个用法是什么呢？你能枚举出从N到无穷大的所有吗？不，你不能。

螺丝刀的用法的数字，是"不定"的。你能接受"不定"吗？你的生命可不是"不定"的。

我现在来提醒你四种水平的度量：（1）名目度量（nominal scale），仅仅是一系列的事物的名字，集合中的成员没有顺序关系；（2）部分次序度量（partial ordering scale），就是说因为X比Y大，Y比Z大，所以X比Z大；（3）等距度量（interval scale）就像温度，这里，从0度到1度的尺度和1度到2度是一样的，但是0度并没有特殊；（4）比率度量（ratio scale）就好像米尺，两米就是一米的两倍。

螺丝刀的使用方法，仅仅就是名目度量。在不同的螺丝刀的用法之间，并没有顺序关系，也没有固定的尺度。

我要宣称两个主要的结果：(1) 没有一个遵循定律的过程或者算法，能够列举出螺丝刀的所有用法；(2) 没有算法，可以列举出螺丝刀的下一种新用法！

我认为这些说法是正确的。我们不能列出螺丝刀的所有用法，也不能推演出螺丝刀的下一种新用法。

而达尔文式的预适应或曰扩展适应，正是螺丝刀的新用法。

所以，一个新环境中的细菌以扩展适应的方式演化，这里所发生的，无非就是一些分子形式的螺丝刀找到了新用途，提高了细菌在那个环境中的适应性。基于可遗传变异和自然选择，那个新的用途，也就是新的功能，会在演化着的生物圈中出现。帕特里克，随着它的肽粘在岩石上，会成为第一个固着滤食者。但是通过上面的讨论，我们不能提前说出螺丝刀的新用途，所以新的功能也是无法提前知晓的。我们不知道生物演化的样本空间，所以生物演化的变化也不是一台机器。我们不能提前说出达尔文的预适应或曰扩展演化，这些都是一个东西被用于其他用途。此外，发现一个提高适应性的新用途，正是"适者"一词中"适"的意思，这是达尔文所没有解决的问题。

119

我猜测，我们超越了哥尔德（Gödel）的定理——说的是，给定一系列的充分有余的公理，还会有之前不能从这些公理来判断真假的命题。如果那些命题也被当作新的公理，那么还会有更新的不能判断真假的命题。我认为螺丝刀的说法是超越了哥尔德，他毕竟是帮助自己找到一系列的公理，从这些公理形成他的定理。对于生物圈的演化而言，并没有一系列的公理，来解释它的杂乱无章、偶然却不完全随机。生命究其特定的变化，不能被数学化，对于演化的特异性，若想要期待一个可能的理论来，我认为是徒劳。

应急装置、凑合着用

图10.1展示了我最喜欢的应急装置的例子。悉尼的同事伊安·威

尔克森（Ian Wilkerson）的天花板漏水了，他请了个短工朋友帮忙。这个朋友在漏水处下方装了个临时的漏斗，连在一根通向前门的管子上，然后垂向地面，缓缓引水。他发现房子里的灯挂得很低，他便把灯的电线搭在管子上，一个应急装置搭在另一个应急装置上。

一切运作顺利，一直撑到几天后真的修理工来修理。

应急装置是什么？就是用一系列本来设计目的不是这么用的东西或者步骤，来解决一些问题。

我们一直都在用应急装置。你可能想知道常见的应急装置用品：胶带和WD-40润滑油。如果东西松动了，用胶带粘一下。如果东西堵住了，用WD-40润滑一下！如果抓狂，那就把一整卷胶带给那破玩意儿全粘上。

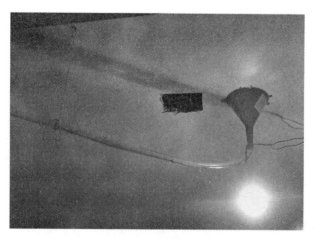

图10.1　临时装置：拼凑游戏（Jacob，1977）

　　我们能推演出一个应急装置的理论吗？不能。怎么说？我们使用东西或步骤来寻找问题的答案，这里的新用途究竟指什么，取决于特定的情境，比如到底是管子漏水还是自行车轮胎漏气。没有一条关于应急装置解决多种问题的推理定律，不过我们一直就在这么用。我们一直都在搞发明。演化也是。在我们特定的例子里，帕特里克也是。我们没有人能提前预言我们兴许会发明出什么，在我们发明出的东西里，还能再发明出什么。

　　不过还有一些要说的：如果有很多不同的东西作为应急装置，比如有一个装满了部件、胶水、绳子、胶带、弹簧等等的工具箱，是不是就更容易了？有很多东西的话确实更容易了。

　　这对生物圈的演化而言也是很根本的。扩展适应是生命问题的应急装置。拥有的东西和步骤越多样化，那么生物搭建应急装置就更容易，好吧，至少一定程度上是的。

　　东西多、事物多，那么就越能灵活运用。法语对此有两种表述方式：machinez le truc 和 trucez le machine。"那鬼东西""那东西个鬼"：这就是弗朗西斯·雅各布（F.Jacob）说的演化的拼装游戏（Jacob 1977）。

　　正如帕特里克引出了鲁伯特，引出了斯赖，引出了格斯，引出了 …… 有越多样化的生物彼此互动，那么变化出新的邻近可能的机遇、用于临时装置般的扩展适应的途径就越多。扩展适应创造出的新生物或生物新特征越多，那么它们扩充出的"情境"总数就越多；这样，更多的扩展适应才越有可能出现。反过来，这又创造了更新的生物！

生物圈在多样性上爆炸式进步，在达尔文那大自然的地盘里创造出越来越多的空隙，直到新的空隙不断扩张，成为大自然中一块引人注目的领域，乃至大自然她本身。

第 11 章
物理之外的世界

　　这一章的目标，正是驱使我写这本书的目的，是要说明，生命虽然扎根于物理，但是突飞猛进超越了物理，以不可估量、不可预知的方式存在于这个世界上。正因为有约束的、功周期的和催化的这三个闭合体系，有生命的系统简直就能构建自身，在这个原子水平之上非遍历的宇宙中构建自己，向上进入在复杂度层面上无止境的开放状态。没有一条定律能描述或规定这个奇迹的走向。

熵和演化

　　著名的热力学第二定律说的是，无序度或者说熵，在封闭体系中增大。演化是一个组成生物圈的生物体和生态系统的庞大复杂程度和组织形式不断增加的过程。第二定律莫非不适用于生物圈复杂度的变化？回答是否定的。首先，因为是开放系统，高质量的能量 —— 比如，蓝光子 —— 的进入，让热力学功得以完成，比如，以光合作用的形式，释放出能量较低的红移的光子。在这个过程中，当然，有熵的产生。

　　除此以外，三个封闭体系 —— 约束闭合体系、做功任务闭合体系、外加催化闭合体系 —— 意味着原初细胞和之后的细胞完全可以做热力学功来构建自身，这个过程中，使用可以获得的自由能并产生熵。因为原初细胞以及之后生物的可遗传变异和自然选择，生物体在这个生机勃勃的生物圈中，在复杂度上向上构建自身，并且彼此创造。它们这样做的速率要快于降解它们时熵增大的速率。有序度赢了。

生态位的创造是自我放大的

在第10章中，我们看到，工具箱里有的工具越多，那么就越容易制造应急装置。我们看到了，演化大多数情况是基于达尔文的扩展适应，即把器官和特质以不可预知的方式，给这个或那个事先用上，就像帕特里克的多肽。

原初生物体和生物体——帕特里克、鲁伯特、斯赖——在多样性上的增加，创造了更多的生态位，增加了"情境"的多样性，继而增加了邻近可能的新用途的多样性，这反过来又让在无限可能的生物圈中寻找生机变得越发容易。

这些生态位被更新的、不可预知的生物体来填满，创造出了进一步更新的情境和机遇。整个系统以一个自我放大的方式爆炸式增长，填满了自己创造的邻近可能性。同时，我们也说过，自然选择并没有能变出新东西的魔力。

这个说法对于全球经济也是适用的，全球经济已经在多样性上，从也许1000种商品和服务——比如50000年前的岩石工具——爆炸式增长到了今天的几十亿种。就像生物圈中的物种一样，商品和服务也给更新的商品和服务提供了生态位，让后者通过现存的商品和服务得以出现。IBM 大型计算机并没有导致苹果个人计算机机器芯片和其他生产商的出现，但是因为其存在，让后者的出现成为了可能；个人计算机也没有导致文字处理、电子表格和微软这样的公司的出现，但也为后者提供了可能；然后，上述并未导致，却继而让路由器和文件共享成为了可能，继而让互联网成为了可能，继而让在易趣网和亚马逊网上购物成为了可能，继而让搜索引擎——比如谷歌，成为了可能。从个人计算机开始，每一个新的商品，都是因为前者而获得了可能性。令人惊讶的是，经济学增长理论似乎不重视这些事实。

简而言之，对于生物圈和"经济圈"而言，生态位的创造是自我放大的。在两者之中，当下的系统都让不可预知的邻近可能性，吸纳了这个系统。我们成为了接下来可能会变成的东西，我们自己创造了那些特定的可能性。鱼鳔创造了演化出可以生活在鱼鳔中的虫子的可能性。

这正是生命，充满了急剧复杂、突飞猛进、不可预知，并且越来越多元的变化——我们就是这成千上万的奇迹中的一部分。

定律之外：生物学不能被还原为物理学

正如我们在第 2 章中看到的，生物学不能被还原成物理学，因为物理不能在因果关系的子集中，区分出"功能"。心脏的功能是泵血，不是制造心音。而且，生物学中，这种功能——比如心脏的功能——在宇宙中存在的唯一理由，就是因为它们帮助了它们所属的生命形式的传播和选择。心脏在这个原子水平之上非遍历的宇宙中存在的唯一原因，就是它们被选择用于泵血，从而维持了它们所属的生物体存活。但是我们不能从最初37亿年前就推导出，心脏和鱼鳔会出现。

125

还有更多。我们甚至不能提前说出生物演化的"相空间"。

在物理学中，你总是提前说出系统的相空间。对于牛顿，基于他的三大运动定律，相空间被边界条件定义，比如，一个桌球台面所提供的边界。有了这些，我们能够定义我们称之为相空间的概念，即所有可能的位置和动量——球在桌面上运动的每一种方式。接着我们能够以微分等式的形式写出牛顿定律，然后从初识条件和边界条件，我们通过整合这些等式求积分，算出球的运动轨迹。

整合牛顿的等式求积分，是在有了初始条件和边界条件后，用微分等式来准确演绎出球运动轨迹的结果。但是演绎有一个逻辑上的限定：所有人都会死，苏格拉底是人，所以苏格拉底会死。感受一下演绎的逻辑力量。

适用于桌球台面的规律，在经典物理中是通用的。正如罗森（Rosen，1991）说的，牛顿在这样的演绎中，将亚里士多德的动力因数学化。牛顿世界机器的变化，是被牛顿定律中宇宙的初始条件，通过逻辑来限定住的。

但生物学是不同的。生物学中的功能，如大象的鼻子取水，耳朵

126 和中耳骨和听觉，心脏泵血，鱼鳔得以感受到水体中的悬浮力，是生物演化的相空间的一部分。

但是，我们不能提前说出将会出现的全新功能，那新冒出来的相空间！因此，我们无法写出新生事物的运动定律和公式。所以，我们不能整合我们所没有的运动公式，来算出其所遵循的定律。

生物圈的变化不受定律限制

从帕特里克和鲁伯特的时代起，我们都无法为真核细胞、性、多细胞生物、寒武纪大爆发 —— 尤其是早期动植物，及之后的我们、鱼、两栖类、爬行类、哺乳类、灵长类 —— 的奇迹写出任何运动定律，更不用说之后出现的特定的蛋白质了。我们生活在一个不可预知的、完全是不可想象的、目不暇接的瞬息万变之中。因为我们无法为特定生命的出现写出任何定律，所以我们虽基于物理，但超越了物理。

具有生命的世界不是一台机器，并不能被拉普拉斯的恶魔 —— 世界只要有了牛顿定律和当下所有质点的位置和动量就能推演出来 —— 所推演出来。

还原论失败了

生物圈是宇宙的一部分。还原论，温伯格终极理论的完美梦想，是一个可以让我们推理宇宙中所有变化的理论 —— 可以解释一切。但是生物圈的变化不受任何定律限定，生物圈是宇宙的一部分，所以

还原论失败了。并无终极理论。　　　　　　　　　　　　127

　　正因为那三个闭合体系 —— 约束闭合、做功闭合和催化闭合体系，生命简直可以向上构建自身，像树朝着太阳生长。生命调整自己，让自己进入达尔文所说的大自然地盘的特定缝隙中，那是生命用其不可名状的亘古创造力，为自己所开辟的缝隙。我们从帕特里克到了一个微生物的世界，再到一个真核生物的世界，到一个植物和动物的世界，到达尔文的"呈现最美"的世界。

　　这精彩纷呈的变化，虽然基于物理，但超越了物理。这是一个生命共同构建自己，并让自己大量演化出多样性成为可能，在任何生物圈中、在宇宙中皆如此。

　　如果在预计存在的 10^{22} 个太阳系中，生命是普遍的，那么这种自我构建、自我多样化的变化，在宇宙中就随处可见。这种变化在演化着的宇宙中，超越了物理，在复杂度的出现和增加这一层面上，可能和物理一样巨大。

　　这是一个物理之外的世界。　　　　　　　　　　　　128

尾声：
经济的演化

　　贯穿这本书，我已经提示了生物圈演化和经济演化的一致性。在这尾声中，我想要拓展这些想法。五万年前，全球经济就其多样性而言也许只有几千种商品和服务，包括火、单面加工的刮刀、兽皮等等。今天，仅仅是在纽约，就一定会有超过十亿种商品和服务。全球经济在多样性上爆发式增长。问题就是，这样的爆发式增长是如何发生，为何发生的？

　　正如之后会进一步详细讲到的，经济，是一个补充和替代的网络，我会称之为"经济网络"。和生物圈一样，经济网络的演变就其本质是不可预知的，是"情境依赖"的，它创造着不断增加囊括着"邻近可能性"的"情境"。邻近可能性，就是在演化中之后会出现的部分。这种演化，就是融合进自己创设的、特定的、邻近可能的机遇中。

　　我不想在这里考量单一技术丰富多彩的演化。布莱恩·亚瑟（Brian Arthur, 2009）已经在他的杰作《技术的本质》（*The Nature of Technology*）中说过这个了。相反，我想讨论整个经济网络的演化；在这点上，我们之后会看到，商品和服务创造了全新的生态位，后者迎来了新的与之有补充和替代关系的商品，正因此，网络作为整体，其多样性就增加了。

经济网络是什么？

两个核心的想法是：互补和替代。螺丝和螺丝刀一起使用创造价值，比如拧螺丝。所以它们是互补的。一个螺丝和一个钉子，每一者都可以用来将两块板固定在一起。一者可以替代另一者。经济网络是所有商品和服务的网络；对每一个商品或服务 —— 用一个点表示 —— 而言，用一条蓝线将所有和它互补的商品和服务连起来，用一条红线将与它可以互相替代的商品和服务连起来。几十亿的商品和服务合在一起，这个网络真的非常复杂。

"需求"的两层意义

除了商品和服务以外，还有需求。对一个商品的"需求"，第一层意思是用以互补。一个螺丝钉"需要"一个螺丝刀，才能用于拧螺丝。需求的第二层意思是我们人类常常需要将事情快速完成。说穿了，对商品和服务的要求，取决于我们的目的和需求。后者就是经济学中实用理论的基础。实用理论常常设法从一个人的视角来看、用数学方式来定义商品间的交易，比如吃苹果还是吃橙子。

130

经济的机遇常常存在于未满足的需求 —— 这里"需求"一词两层意思都有。经济学家常常关注于第二层含义，但是第一层含义驱动了经济网络演化的很大一部分，因为一个给定的技术需要与之互补的一者才能致用。所以，新的技术会通过"需要"新的互补的一者，来驱动经济增长。这个需求就是经济的机遇。在第二层意思中，我们人类"需要"文字处理工具来简化文件制备过程。这样，文字处理就出现在经济机遇中，来满足这个需要，此即"需求"。

窥探信息技术行业的演化

信息技术的世界，在过去的80年中爆炸式发展。在20世纪30年代，图灵发明了图灵机，这是一个数码计算机的抽象模型。到第二次世界大战中期，图灵的想法，在宾夕法尼亚大学被制造出来——即"埃尼阿克"机，用于计算海军炮弹的轨迹。战后，冯·诺伊曼发明了大型主机，不久，IBM制造了第一台商用计算机，本来打算只卖很少。但是大型主机卖得很广泛，随着芯片的发明，顺理成章就出现了个人计算机。

请注意，大型主机并没有造成个人计算机的发明，但是大型主机广泛的市场让个人计算机轻而易举地入侵这个扩张着的市场中成为了可能。此外，科技历史上，电子表格常常被描述成是一个造成个人计算机市场突飞猛进的杀手应用。电子表格是个人计算机的补充产品。

它们中的一者对另一者的市场占有起到帮助作用。

个人计算机并没有造成文字处理软件的发明，但是让后者成为了可能。软件公司，比如微软，诞生了，它最初成立是为了生产IBM个人计算机的操作系统。

文字处理软件和富文本的发明，迎来了文件共享的可能性，路由器就这么发明出来了。文件共享的存在并没有造成互联网的发明，但是却迎来了后者。

互联网的存在并没有造成网上购物，但是让后者成为了可能；易趣网和亚马逊出现了。易趣网和亚马逊和海量的其他用户一样，把内容放到网络上，让网络浏览器的发明成为了可能；这样，谷歌这样的公司就出现了。

之后，就是社交媒体和脸书了。

现在请注意，几乎所有这些后续的创新，都是前一个创新的补充。现存的商品和服务在每个阶段，都是下一个商品或服务出现的"情境"。文字处理是个人计算机的补充，路由器是文字处理的补充，互联网是一个大型连接的路由器，是文件共享的补充甚至更多。共享文件的机遇，迎来了路由器的发明。

我再次指出，商品和货物作为情境，并没有造成之后的商品或服务的发明或进入，而是让之成为了可能。"使之成为可能"，在物理学中，是个不被使用的说法。

还可以说一个平行的历史，关于汽车行业。汽车的发明和进步，淘汰了作为主要运输工具的马。和马一起淘汰的，还有铁铺、马车、马鞭、马场围栏。和汽车一起出现的，还有石油和燃料工业、沥青马路、交通管理、汽车旅店、快餐店、郊区化，住郊区的人需要驾驶汽车去城里上班。汽油是汽车的补充，汽车旅馆是汽车的补充，等等。

132 演化中的每一个阶段都帮助了下一个阶段。

经济网络中的邻近可能性

　　有了大型机和个人计算机，文字处理就是经济网络中邻近可能的机遇。实际情况中的邻近可能性，考量现存的是什么，下一个因为现存的情境而得以存在的是什么。在邻近可能性中，下一个出现的，是源于现存的部分，即，实际存在的部分。通常而言，经济网络的下一次演化，就是源于现存的部分，并汇入了因为现存而得以出现的邻近可能性中。

有算法可循的邻近可能性

　　考虑一个乐高的世界。从大量乐高积木开始，把它们放在一系列同心圆 —— 像飞镖的靶子那样 —— 中间的圆圈里。在第一个圈中，放入所有的起始的符合规格的乐高积木，只通过一步 —— 就好像下棋一样 —— 拼装所能搭出的所有的物体。在第二个圈中，放入所有能通过两步拼装搭出的所有物体，以此类推，第N个圈、到无穷大。在某一个圈 —— 比如第7个圈 —— 中，放着的乐高积木搭出的结构，
133 可以牵扯出所有通过接下去多一步就能搭出的所有乐高可能的结构。

　　从这个有章可循的乐高积木步骤的意义上看，世界完全就是可以有"算法"的。你不可以用比如透明胶带来粘住两个积木的方法来搭积木，你只能把积木拼装起来。

过会儿，我们就会看到，经济学中真正的邻近可能性，是没有算法的、不可预知的。

新的商品、服务、产品功能，可以以新组合的形式出现。

想想莱特兄弟的飞机。那是一个轻型燃油发动机、机翼、自行车轮、螺旋桨的组合。印刷机则是一个葡萄榨汁机和活字印刷的重组。新的商品常常就是这样的组合。比如，一个降落伞挂在塞斯纳飞机后面，可以变成一个空气制动机。亚瑟（2009）在《技术的本质》中提出了相同的观点。

所以，新的技术是从现有的技术中发展出来的。现存的东西，汇入邻近的可能性之中。

这样，经济网络通过创造自己的机遇来增长，以进入它自身创造的那特定的邻近可能之中。

无算法的、不可预知的邻近可能性

乐高积木的世界，是有算法的，有合乎规则和不合乎规则的移动步骤。真实的经济可并没有那么受限。在这本书的正文里，我讨论了"螺丝刀理论"和临时装置。我得出结论，并没有一个算法可以列出螺丝刀的所有用法，也不能列出螺丝刀的下一种用法。但是我们一直在发现螺丝刀的新用法。我不妨想一想詹姆斯·邦德在紧急情况下会怎么使用螺丝刀，扭转局势对自己有利。

但这些新的用法，通常是不可预知的。

而且，这些新的用法正是创新的核心。

产业界已经认可了这点。比如，想想"众包"（crowdsourcing）："大家好，我这新玩艺儿的用途是什么？"

于是，现存的事物，让新的东西和步骤的创造性用法成为了可能，这就是经济网络以不可预知的方式扩展进入邻近的可能性之中。

一个引人入胜的真实故事，将所有这些体现得淋漓尽致。一些年以前，一个人生活在东京，那时大致是iPhone正引入当地的时候。他生活在一个小公寓里，还有一个刚诞生的婴儿，屋子里还有很多书，很拥挤。他意识到他可以把所有的书都复印到他的iPhone里，然后卖了书，给他的屋子创造更多空间。然后他就意识到他的机遇了，有点像帕特里克，那原初细胞。很多其他的东京家庭都生活在拥挤的公寓里。他可以去那些家庭，提出用他的iPhone复印他们的书，再卖了它们，然后在这些销售中抽取一部分提成！他的生意很成功，然后这种方式被模仿。他的机遇是什么？拥挤的公寓、iPhone、书的市场。这个新的商机就是他的创造。

我们得到了一个很重要的结论：经济网络的生长，就好像融入了它自己所创造的邻近的可能性中。

邻近可能性那未知空间的"大小"

我们无法测量邻近可能性空间的"大小"。我们不知道那里有什么。想想抛一个正常的硬币1000次，然后问，会不会有540次正面朝上。我们不知道，但是我们能计算这个二项分布的概率。我们不知道将会发生什么，但是我们知道可能发生什么。我们知道抛1000次硬币的所有2的1000次方种可能性。我们知道这个过程的样本空间。 135

但是对于经济演化进入邻近可能性，我们不知道样本空间！所以，我们无法构建任何概率方法。我们无法知道邻近可能性空间有多大。

情境的多样性和用途的多样性

螺丝刀用途的数目，取决于情境的多样程度。在一个空荡荡的环境中，螺丝刀自己并不能发挥多少用途，但是在2017年的纽约，它自己，或和其他东西一起，就可以发挥很多很多用途。

在正文里，我简单考量了临时装置。我得出结论说，临时装置是没有演绎理论的。不过好像我们也能稍作一些评论。如果你面前的是一些人为的问题，你要搭建临时装置，你面前是只有一把螺丝刀好呢，还是有很多物件的组合更好 —— 螺丝刀、胶带、鞋拔子、旧电池、钢丝、钉子、几块布……？

显而易见，手头有很多东西时，要比只有一样东西，更容易搭建临时装置。虽然我们似乎无法量化，但至少现在，这似乎很明显。

简而言之，"情境"的多样性，这里是可以获得的物件的数目，是

和你可以用这些组合来做的"事情"的数目相关的。一个装满了东西

136 的仓库，比起一个空空如也的仓库，要更容易发挥作用。

扩大着的网络正是它自己进一步扩大所需的不断增加的情境

随着新的商品、服务和生产能力的出现，它们提供了不断增加的情境，就是尚未出现的更多的新商品、新服务和生产能力以补充或替代的方式将要进入的情境。一个有高度多样性的商品、服务和生产功能的经济，就像一个充满了各种东西的仓库，而不是一个空空如也的仓库。一个装满东西的仓库，可以让搭建临时装置更容易；一个已经充满各种东西的经济中，要发明更多新的商品、服务、生产功能，也更加容易。新的商品、服务和生产功能，只能让仓库更加充实；所以，令人赞叹的是，经济增长会汇入它自己的邻近可能性中，随着其扩大，也加速这种扩大。这个过程很大程度上是自我加速的。

所以，扩大的经济网络，在一个充满了补充和替代品的多样环境中爆炸式增长，从50000年前只有也许一千或一万种商品，到如今几十亿种商品！

而对于演化的生物圈，一样的道理也是成立的，正如我们这本书正文中看到的 —— 从帕特里克、鲁伯特、斯赖和格斯 —— 到过去6亿年古生代到现在不断增加的多样性。新的物种简直就是创造了更新的物种的生态位。新的商品创造了将来的商品、服务和生产能力的生态位。

对经济学增长的标准模型的简单评论

我在这里简单说的，是一个和大多数经济学增长的标准模型完全不同的模型。这些没有将经济学模拟成一个网络，而是一个单独的部分，事实上就是一个单独的产品。然后人们考量输入因素，比如资本、劳动力、人的知识、投资、储蓄，然后写出模型增长的微分方程。这些工作在一定程度上很好，但是并不适用于创造更新商品和服务的经济，而我们的经济学网络则是适用于后者的。

137

一个邻近可能性的初步统计学模型

现在，我们并没有一个针对我之前所说的、关于不可预知的演化的数学模型。但是，S.斯托加茨和V.洛雷托（Loreto et al., 2016）迈出了重要的第一步。他们的模型，是第一个关于邻近可能性的模型。他们从数学上被叫做波利亚坛子模型（Pólya urn model）的模型开始。在这里，玩家从一个装有50%黑球、50%白球的坛子开始。玩家随机取出一个球。如果是白的（或者是黑的），那么他放回该球，并加入一个白球（或黑球）。问题是，长时间之后，白球稳定的占比是多少？答案是"任何一个从0到100%之间的值，等概率出现"。换言之，你可能会有69%黑球、31%个白球，也可能是0%黑球、100%白球。

在斯托加茨和洛雷托的一个变化形式里（Loreto et al., 2016），玩家从至少两个颜色的球开始，所有被取出的球都放回坛子里。但如果取到一个从未见过的颜色，那么你先将之放回，并放入一个随机的颜色全新的球。这个全新的颜色就模拟了新的邻近可能性。这个过程无限持续。这个过程产生了一个满足齐普夫定律（Zipf's law）和希普定律（Heap's law）的幂律分布。随机的全新颜色就是模拟不可知的邻近可能性的最初一步。它们在很多数据的情况下符合齐普夫定律和希普定律，令人非常振奋。

这个模型令人喜爱，但并没有满足我们的需求，因为它是颜色球"繁衍"、产生独立谱系这一类问题的一支。一个红球产生了一个橙色球，随后又产生了一个蓝色的球。这里并没有谱系之间的串话，而串话会通过组合的方法增大新颜色的产生。经济学网络的演化中，新的补充或替代品的产生，来自于旧有的、通过组装之前的一个或多个商品来发明临时装置而实现的。我期待有一个好的模型，或一系列模型可以随之建立。

这段尾声，将正文所提到的生物圈那不受限地演化的想法：一个物种为后来的物种创造新的生态位，使后者得以以不可预知的达尔文扩展适应的方法，进入生物圈那邻近可能性之中，延伸进入了颇为类似的经济演化中。在两个例子里，正如仓库会因为各种前所未有的、临时装置似的新发明而越发充实一般，生命也创造了自己惊人的未来变化的可能性。

若把这想成是牛顿-拉普拉斯的机器，以为可以通过一系列公理来推演特定的变化，似乎完全是错了。生命，包括我们，继承和发扬是如此的丰富，以至于我认为，是不受限于任何定律的。

参考文献

Arthur, Brian W. (2009). *The Nature of Technology*. New York: Free Press.

Atkins, Peter W. (1984). *The Second Law*. New York: W. H. Freeman and Co.

Damer, B. (2016). "A Field Trip to the Archaean in Search of Darwin's Warm Little Pond." *Life* 6: 21.

Damer, B. and D. Deamer. (2015). "Coupled Phases and Combinatorial Selection in Fluctuating Hydrothermal Pools: A Scenario to Guide Experimental Approaches to the Origin of Cellular Life." *Life* 5, no. 1: 872–887.https://doi.org/10.3390/life5010872.

Dawkins, Richard. (1976). *The Selfish Gene*. Oxford, UK: Oxford University Press.

Djokic, T., M. J. Van Kranendonk, K. A. Campbell, M. R. Walter, and C. R. Ward. (2017). "Earliest Signs of Life on Land Preserved in ca. 3.5 GA Hot Spring Deposits." *Nature Communications* 8: 15263.

Dyson, Freeman. (1999). *The Origins of Life*. Cambridge, England: Cambridge University Press.

Erdös, P. and Rényi, A. (1960). *On the Evolution of Random Graphs*. Hungary: Institute of Mathematics Hungarian Academy of Sciences Publication, 5.

Farmer, J. D., S. A. Kauffman, and N. H. Packard. (1986). "Autocatalytic Replication of Polymers." *Physica D: Nonlinear Phenomena* 2: 50–67.

Fernando, C., V. Vasas, M. Santos, S. Kauffman, and E. Szathmary (2012). "Spontaneous Formation and Evolution of Autocatalytic Sets within Compartments." *Biology Direct* 7: 1. 141

Hordijk, W. and M. Steel. (2004). "Detecting Autocataltyic, Self- Sustaining Sets inChemical Reaction Systems." *Journal of Theoretical Biology* 227: 451–461.

Hordijk, W. and M. Steel. (2017). "Chasing the Tail: The Emergence of Autocatalytic Networks." *BioSystems*152: 1–10.

Jacob, Francois. (1977). "Evolution and Tinkering." *Science New Series* 196(4295): 1161–1166.

Kauffman, S. A. (1971). "Cellular Homeostasis, Epigenesis, and Replication in Randomly Aggregated Macromolecular Systems." *Journal of Cybernetics* 1: 71–96.

Kauffman, S. A. (1986). "Autocatalytic Sets of Proteins." *Journal of Theoretical Biology* 119: 1–24.

-

Kauffman, Stuart. (1993). *The Origins of Order: Self-Organization and Selection in Evolution.* New York: Oxford University Press.

-

Kauffman, Stuart. (2000). *Investigations.* New York: Oxford University Press.

-

LaBean, Thomas. (1994). PhD thesis, University of Pennsylvania Department of Biochemistry and Biophysics.

-

Lincoln, T. A. and G. F. Joyce. (2009). "Self-Sustained Replication of an RNA Enzyme." *Science* 323: 1229–1232.

-

Longo, G. and M. Montévil. (2014). *Perspectives on Organisms: Biological Time, Symmetries and Singularities.* Berlin: Springer.

-

Longo, G., M. Montévil, and S. Kauffman. (2012). "No Entailing Laws, But Enablement in the Evolution of the Biosphere." In *Proceedings of the 14th Annual Conference Companion on Genetic and Evolutionary Computation,* 1379–1392. See also http://dl.acm. org/ citation.cfm?id=2330163.

-

Loreto, V., V. Servedio, S. Strogatz, and F. Tria. (2016). "Dynamics on Expanding Spaces: Modeling the Emergence of Novelties." In *Creativity and Universality in Language, Lecture Notes in Morphogenesis,* edited by M. DegliEsosti et al. Basel, Switzerland: Springer International Publishing.

-

Montévil, Maël and Matteo Mossio. (2015). "Biological Organisation as Closure of Constraints." *Journal of Theoretical Biology* 372: 179– 191. http://dx.doi.org/10.1016/ j.jtbi.2015.02.029.

-

Prigogine, Ilya and Gregoire Nicolis. (1977). *Self-Organization in Non- Equilibrium Systems.* New York: Wiley.

-

Pross, Addy. (2012). *What Is Life? How Chemistry Becomes Biology.* Oxford, England: 142   Oxford University Press.

-

Rosen, Robert. (1991). *Life Itself.* New York: Columbia University Press.

-

Schrödinger, Erwin. (1944). *What Is Life?: Mind and Matter?* Cambridge, England: Cambridge University Press.

-

Segre, D., D. Ben-Eli, and D. Lancet. (2001). "Compositional Genomes: Prebiotic Information Transfer in Mutually Catalytic Noncovalent Assemblies." *Proceedings of the National Academy of Sciences USA* 97: 219–230.

-

Serra, Roberto and Marco Villani. (2017). *Modelling Protocells: The Emergent Synchronization of Reproduction and Molecular Replication.* Dordrecht, The Netherlands: Springer.

-

Snow, Charles Percy. (1959). *The Two Cultures.* London: Cambridge University Press.

-

Sousa, F. L., W. Hordijk, M. Steel, and W. F. Martin. (2015). "Autocatalytic Sets in E. coli Metabolism." *Journal of Systems Chemistry* 6: 4.
-

Vaidya, N., M. L. Madapat, I. A. Chen, R. Xulvi-Brunet, E. J. Hayden, and N. Lehman. (2012). "Spontaneous Network Formation Among Cooperative RNA Replicators." *Nature* 491: 72–77. doi 10.1038/ nature11549.
-

von Kiedrowski, G. (1986). "A Self-Replicating Hexadesoxynucleotide." *Angewandte Chemie International Edition in English* 25, no 10: 932–935.
-

Wagner, N. and Gonen Ashkenasy. (2009). "Systems Chemistry: Logic Gates, Arithmetic Units, and Network Motifs in Small Networks." *Chemistry: A European Journal* 15, no. 7: 1765–1775.
-

Weinberg, Stephen. (1992). *Dreams of a Final Theory*. New York, NY: Vintage Books.
-

Woese, C. and G. Fox. (1977). "Phylogenetic Structure of the Prokaryotic Domain: The Primary Kingdoms." *Proceedings of the National Academy of Sciences USA* 74: 5088–5090.

索引

页码之后的 f 和 t 分别表示图片和表格

B

144

C

D

E

F

G

146

H

I

J

K

L

N

O

S

W

Z

译后记

叶文磊

2020 年 12 月 31 日

　　感谢湖南科学技术出版社提供的机会，我为能将考夫曼教授的科普作品《物理之外的世界》带给各位中文读者，深感荣幸。这虽是一本讨论生命的产生和演化的书，但文中的"反还原论"的视角，适用于其他自然科学和社会科学。这种思考的角度，在知识快餐化、学科越来越细分的当下，尤其值得我们重新审视和采纳。

　　作者认为，生命是具有自我复制能力的分子集合的一种组织形式，这个集合中，整体的每个部分彼此依存。生命的产生，虽然对于这个原子水平之上"非遍历"的宇宙，看似是一个极其小概率事件，但却仿佛被吸入了一个在复杂度和多样性上向上深不可测的"黑洞"，随着演化，越发登峰造极。生命的出现是一个奇迹，是多个层面合作的产物：分子在分子层面上合作，每一个闭合体系在每个闭合体系单元层面上合作，原初细胞在原初细胞层面上合作……这是一个"物理之外的世界"。

　　作者并不是从沉沉的历史中唤醒早已被摒弃的"活力论"，他强调他要赋予生命不同于物理定律的新"生命力"，从并非玄学的角度阐述生命的"独特"。更有意思的是，他用他对生命的科学本质的解读，描述了经济的演化。经济演化，也是在相对"短"的时间内，以不可预计的方式在复杂度和多样性上日行千里，每一种新产品都创造了邻近新的生态位，让其他事物的出现成为了可能。

这本书为读者提供了观察和思考世界的新角度。当下，对生物科学的误用，各种"社会达尔文主义"论调和"内卷化"竞争让人疲惫，对"演化"的粗浅认识让自私成为自私者的通行证，霸凌成为霸凌者的行军曲，功利成为功利者的处世哲学。考夫曼教授告诉我们，演化不是这样的"零和"游戏。物种或经济产品并不是竞争有限的空间，而是因为自己的存在，构建了更多的空间，为他者创造机遇，让某一次"意外"变得"独一无二"。因此，生命和经济的演化，都不是狼的獠牙一般的厮杀，而是成就彼此的协作，不是刻意和功利，而是在偶然中寻找希望。这样的认知，更能指导我们的行动。

生命产生和演化最重要的因素是什么？书中告诉们，是"多样性"。作者反复强调"生命是分子多样性诞下的女儿"，分子多样性带来了反应数目以更快的速率更新，这为构成生命三个闭合体系提供了便利。同样，多样性为演化中的生命搭建"应急装置"提供了资源，让演化更为迅捷。经济活动也是如此，产品的多样性提供了情境的多样性，两者相辅相成，迸发生机，改变世界。类似的启示，在知识和文化交流日益密切的今天，显然不限于生命科学和经济活动：与和自己经历、专业和思维方式截然不同的人交流总能给自己更多的灵感。宽容的社会把最不相同的人吸引到一起，让他们彼此了解。它保护所有人和事物，不因为眼前的效用而取此舍彼。一个懂得倾听、尊重和善待的社会才更有创造力。多元，提供了机遇。

　　这本书的翻译和出版得到了我不少朋友和同事的支持。感谢湖南科学技术出版社编辑李蓓女士和杨波先生的统筹安排；感谢各位参与校对、审阅的同行的细心工作；还有所有提出建议和批评的老师，我在此一并感谢。我虽然力求完美，但仍然免不了错误和疏漏，请各位读者不吝赐教。

　　完成这篇后记时，我们刚度过了跌宕起伏的2020年，新型冠状病毒疫情、气候的灾难和一些政客的"个人秀"，给世界的经济活动、科学研究和文化交流带来了巨大的困难。但正如这本书给我们的启示，即便如此，我们身边存在很多新的变化，对于"特别的你"，或许也是一种机遇。让我们珍惜身边的每一次偶然，捍卫我们所在的这个文化多元的星球，因为我们每一个人都是别人的情境，我们每一个个体的创造，都应当也将会给其他个体带来新的机遇。